本项目由北京市优质农产品产销服务站和北京农业职业学院合作完成

北京农村生态服务供给问题研究

朱启酒　钱　静　刘　莹●著

中国农业出版社

胡锦涛同志在中共十八大报告中指出，建设生态文明，是关系人民福祉、关乎民族未来的长远大计。习近平同志也一再强调，生态环境保护是功在当代、利在千秋的事业。要清醒认识保护生态环境、治理环境污染的紧迫性和艰巨性，清醒认识加强生态文明建设的重要性和必要性。良好生态环境是人和社会持续发展的根本基础，蓝天白云、青山绿水是长远发展的最大本钱。城乡一体化视野中的农村生态服务供给，也自然是首都北京乃至国家生态文明建设的重要内容。

2013年，华北地区多发的雾霾天气，又一次警示我们，生态文明关系千家万户，关系亿万人民身心健康。与此同时，北京市应对雾霾天气启动了应急减排措施，但空气污染问题已非常严峻。2013年3月，北京市市委书记郭金龙在市委市政府召开的生态文明和城乡环境建设动员大会上提出要集中整治大气污染、污水、垃圾、违法建设这四大城市环境"顽疾"。他指出，北京在生态文明和城乡环境建设上，也面临一些新情况、新问题、新挑战，突出表现为：人口过快增长、机动车保有量快速增加、资源约束越来越紧、生态环境和公共服务设施的承载能力面临严峻挑战，另外，受气象条件和北京地理环境等多种因素影响，广大人民群众对空气质量和生态环境还有很多不满意的地方，期待更大的改善。

由于人口过快增长、机动车保有量快速增加、城市规模过快增长和公共服务设施的承载能力的约束，农村的垃圾处理、环境保护供给依然不足。城市中心区的环境污染已呈放射状正在向郊区农村发展蔓延，城市新区和中小城镇的大气污染、垃圾污染、水污染、农田污染已十分严峻。分析直接原因在于，我们所面对的是一个高污染、高排放的巨型城市。目前，北京已经启动了《北京市 2013—2017 年清洁空气行动计划》和《北京市 2012—2020 年大气污染治理措施》，制定了"三步走"的战略目标。第一步：到 2015 年，PM2.5 浓度要下降到 60 毫克/米^3；第二步：到 2020 年，PM2.5 浓度控制在 50 毫克/米^3 以下，比 2010 年减少 30%，相当于目前密云水库上空的空气质量；第三步：按照世贸组织为发展中国家设定的最低空气质量标准，PM2.5 年均浓度要达到 35 毫克/米^3，预计到 2030 年才可能实现。

该项目研究正是在这样的背景下启动和进行的。

该项目以北京农村生态服务供给为研究对象，以城乡一体化为视野，以供求理论发展为基础，研究农村生态服务供给因子、发展路径，其重点在于如何完善北京农村生态服务供给路径和运行机制的研究，以遏制生态退化、供给短缺之现状，以增加农村生态服务供给。同时，研究了农村生态环境建设、生态产业发展和生态工程建设诸问题。认为，北京农村是首都生态服务的主要供给地，农业是首都生态服务的主要供给者。目前，北京农村最大的问题是基础设施落后，生态服务供给严重不足。解决北京农村生态服务短缺问题，必须充分认识生态服务的价值和功能，充分发挥政府的主导作用和财政政策的调节功能，探寻生态服务供给增长的发展模式、调节机制、投入机制和政策保障机制，必须全力保护生态资源、大力发展现代农业，彻底治理水土流失、面源污染、环境污染等问题，完善生态治理、资源保护、生态修复的政策法律体系。

北京农村生态服务供给问题研究是一个大问题，本研究只是一个初步和不完善的探索，还有许多问题需要进一步研究，例如农村环境改善、水土保持等问题，希望有更多的人去进一步调查研究、分析思考、补充完善。

著　者

2013 年 12 月

目 录

CONTENS

1

第一章
北京农村生态服务供给研究

【摘要】北京农村生态服务供给存在的主要问题表现在：一是发展生态资源日益短缺，诸如耕地正在被城市扩张和建设所蚕食，水资源相对于城市规模日益短缺；二是发展生态产业可持续性不够，生态产业经营管理创新不足；三是农村生态产业、生态工程、生态环境投资短缺问题以及生态工程存在管理缺陷和可持续发展问题；四是中小城镇城乡结合部，存在环境污染，部分城镇和村庄垃圾处理能力持续性仍然较差；五是存在开发和建设中的生态破坏问题，生态修复任务仍然较大。在资源约束的条件下，欲增加农村生态服务供给，必须尽力遏制环境污染，控制人口、汽车保有量、城市规模等减量因子的过快增长，抑制对土地、水、山川等增量因子，即不可再生稀缺资源的过度消费，以达到农村生态服务供给有效增长的目的。同时，必须对土地、水、山川、湖泊等生态服务的增量因子有效保护和增加。积极发展生态农业、生态工业、生态第三产业，继续推进郊野公园、生态林、湿地公园等生态工程建设，改善生态环境和人居环境，强化生态立法和执法，加强农村生态环境的基础设施建设等。

【关键词】发展对策　主要问题　生态服务供给　北京农村

胡锦涛同志在中共十八大报告中指出，建设生态文明，是关系人民福祉、关乎民族未来的长远大计。习近平同志也一再强调，生态环境保护是功在当代、利在千秋的事业。要清醒认识保护生态环境、治理环境污染的紧迫性和艰巨性，清醒认识加强生态文明建设的重要性和必要性，良好生态环境是人和社会持续发展的根本基础。蓝天白云、青山绿水是中国长远发展的最大本钱。城乡一体化视野中的农村生态服务供给，也自然是首都北京乃至中国生态文明建设的重要内容。

2013年3月，北京市委书记郭金龙在市委市政府召开的生态文明和城乡

本章为北京市教委社科计划面上项目中期成果，项目编号：SM201312448001，主持人：钱静。

环境建设动员大会上提出要集中整治大气污染、污水、垃圾、违法建设这四大城市环境"顽疾"。郭金龙指出，北京在生态文明和城乡环境建设上，也面临一些新情况、新问题、新挑战，突出表现为：人口过快增长，机动车保有量快速增加，资源约束越来越紧，生态环境和公共服务设施的承载能力面临严峻挑战，另外，受气象条件和北京地理环境等多种因素影响，广大人民群众对空气质量和生态环境还有很多不满意的地方，期待更大的改善*。

我们不容忽视的是：城市中心区的环境污染已呈放射状向郊区农村蔓延，城市新区和中小城镇的大气污染、垃圾污染、水污染、农田污染形势已十分严峻，研究北京农村生态服务供给问题和对策也十分必要和迫切。

一、农村生态服务供给内涵和功能

首都北京的生态优势、生态屏障在农村，缓解城市环境压力、持续改善环境质量的战略腹地也在农村。这既是农村的使命和责任，也是农村的优势和机遇。由此，北京农村的发展必须立足区域功能定位，更加自觉地走绿色发展、循环发展、低碳发展的道路。按照节约优先、保护优先的原则，进一步发挥农、林、水的综合生态服务价值，努力建设绿色农村、美丽乡村、生态田园。

(一) 农村生态服务供给内涵

人类生存与发展所需要的资源，归根结底都来源于自然生态系统。自然生态系统不仅可以为我们的生存直接提供各种原料或产品（食品、水、氧气、木材、纤维等），而且具有调节气候、净化污染、涵养水源、保持水土、防风固沙、减轻灾害、保护生物多样性等功能，进而为人类的生存与发展提供良好的生态环境。对人类生存与生活质量有贡献的所有生态系统产品和服务统称为生态系统服务。已有的研究与实践表明，自然生态系统的具体功能虽然人工可以替代（如污水净化、土壤修复等），但是，在规模尺度上的自然生态系统功能至少到目前为止仍然没有人工可以替代的可能（如生物圈二号试验的失败等）。从这个角度上讲，自然生态系统对于人类的生存与发展具有不可替代性。自然生态系统服务的质量和数量是决定人类生存与发展质量和前景的自然条件。维护和建设良性循环的自然生态系统就是维护人类生存与发展的基础。

所谓农村生态服务供给，是指由农村的生态资源、生态环境、生态产业及其企业所提供给社会的、不同水平的生态服务产品总量。它包括直接提供给社

---

* 北京限期 3 年整治大气污染等四大环境顽疾，http://news.sina.com.cn/c/2013 - 03 - 29/023826673492.shtml。

2

会消费的生态产品，例如清新的空气、纯净的饮用水、安全的有机食品等，又包括可以间接抑制和消除社会有害物质的生产资料性产品，例如污水处理、空气净化、矿山修复等。

北京农村生态服务供给，即指由北京农村的生态资源、生态环境、生态产业及其企业所提供给社会的、不同水平的生态服务产品总量。北京农村区域，本书中指含除北京功能核心区之外的其他区县所覆盖的农村地区。功能拓展区的朝阳区、丰台区、海淀区、石景山区，城市发展新区的房山区、通州区、顺义区、昌平区、大兴区，生态涵养区的门头沟区、怀柔区、平谷区、密云县、延庆县等（图1-1）。

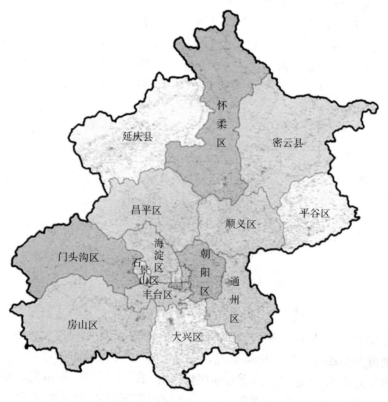

图1-1　北京市各区县行政区划图

北京市中心位于北纬39°，东经116°。雄踞华北大平原北端。北京的西、北和东北，群山环绕，东南是缓缓向渤海倾斜的大平原。北京平原的海拔高度在20～60米，山地一般海拔1 000～1 500米，与河北交界的东灵山海拔2 303米，为北京市最高峰。境内贯穿五大河，主要是东部的潮白河、北运河、沟河，西部的永定河和拒马河。北京的地势是西北高、东南低。西部是太行山余脉的西山，北部是燕山山脉的军都山，两山在南口关沟相交，形成一个向东南展开的半圆形大山弯，人们称之为"北京弯"，它所围绕的小平原即为北京小平原。综观北京地形，依山近海，形势雄伟。诚如古人所言："幽州之地，左环沧海，右拥太行，北枕居庸，南襟河济，诚天府之国"。

北京全市土地面积 16 410 千米²。首都功能核心区 73.5 千米²，占 0.4%，城市功能拓展区 1 293 千米²，占 4.8%，城市发展新区 6 318 千米²，占 38%，生态涵养发展区 8 881 千米²，占 54%（图 1-2）。全市平原面积 6 338 千米²，占 38.6%；山区面积 10 072 千米²，占 61.4%。城区面积 87.1 千米²。农村面积为 16 230.36 千米²，占 98% 以上。气候为典型的暖温带半湿润大陆性季风气候，夏季炎热多雨，冬季寒冷干燥，春、秋短促。年平均气温 10～12℃，1 月平温温度为 －7～－4℃，7 月平温温度为 25～26℃。极端最低气温 －27.4℃，极端最高气温 42℃ 以上。全年无霜期 180～200 天，西部山区较短。年平均降水量 600 多毫米，为华北地区降雨最多的地区之一，山前迎风坡可达 700 毫米以上。降水季节分配很不均匀，全年降水的 75% 集中在夏季，7、8 月常有暴雨。

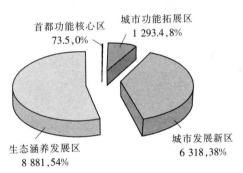

1-2 北京市各功能区面积图（单位：千米²）

北京市 2011 年地区生产总值为 16 351.93 亿元，增长速度为 8.1%。其中，城市发展新区为 3 419.54 亿元，占全市地区生产总值的 21.04%；生态涵养发展区为 646.97 亿元，占全市地区生产总值的 3.96%，城市发展新区和生态涵养发展区地区生产总值合计为 4 066.51 亿元，占全市地区生产总值的 24.87%（图 1-3）。

北京农村地区产值比重虽然不大，但生态功能强大。2012 年，北京市积极实施平原地区造林、京津风沙源治理等生态工程，完成平原地区造林 25.5 万亩*，全市林木绿化率达到 54%，建成 34 条生态清洁小流域，治理面积 410

---

* 亩为非法定计量单位，1 亩≈667 米²。

千米²。2012年，北京市开展农村环境综合治理，累计建成136个市级环境优美镇和1 863个生态村，评选出73个"北京最美的乡村"。经测算，全市农林水生态服务价值超过1万亿元，为首都生态建设提供了有力支撑。

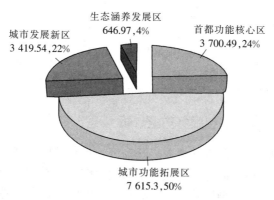

图1-3 2011年北京市地区生产总值（单位：亿元）

（二）农村生态服务供给研究

所谓农村生态服务供给研究，是指由农村的生态资源、生态环境、生态产业及其产品所提供给社会，不同水平的生态服务产品供给总量及其变化规律的研究。具体研究内容如表1-1所示。

表1-1 农村生态服务供给内容

主要类别		具体形态
生态产业	生态产业（ecological industry），即按生态经济原理和知识经济规律组织起来的基于生态系统承载能力、具有完整的生命周期、高效的代谢过程及和谐的生态功能的网络型、进化型、复合型产业	1. 有机农业； 2. 生态林业、草业； 3. 低碳、循环工业； 4. 农产品加工业； 5. 现代服务业如生态知识、咨询、技术、信息产业等
生态工程	生态工程（ecological engineering）即模拟自然生态的整体、协同、循环、自生原理，并运用系统工程方法去分析、设计、规划和调控人工生态系统的结构要素、工艺流程、信息反馈关系及控制机构，疏通物质、能量、信息流通渠道，开拓未被有效利用的生态位，使人与自然双双受益的系统工程技术	1. 生态林、生态草； 2. 生态修复、小流域治理； 4. 节水和污水处理利用； 5. 垃圾处理（生活垃圾、建筑垃圾）； 6. 生态农业、农业园区； 7. 郊野公园、湿地公园； 8. 沼气、风能、太阳能开发利用； 9. 生态农场、生态养殖； 10. 生态村镇、生态区县

（续）

主要类别	具体形态
生态环境	生态环境（ecological environment）即影响人类与生物生存和发展的一切外界条件的总和，包括生物因子（如植物、动物等）和非生物因子（如水分、光、大气、土壤等）	1. 植物； 2. 动物； 3. 水分； 4. 光； 5. 大气； 6. 土壤

（三）农村、农业生态服务功能分析

自 20 世纪 60 年代以来，随着工业经济的迅猛发展和城市化进程的不断加快，随之而来的人口资源分布的改变使人类面临着一系列最紧张的问题，如热岛效应、酸雨、空气污染以及人类远离自然产生的心理失衡等。与此同时，城市扩张的"极化"效应导致了农业要素的流失、农业的衰退、农村的贫困及农业用地减少、生态系统失衡等问题，从而使人口、资源、环境和发展之间出现了一系列前所未有的尖锐矛盾。面对如此严峻的现实，人类开始重新审视自己的社会经济行为，深刻反思传统的发展观、价值观、环境观和资源观，试图寻找出一条冲破昔日牺牲生态环境、盲目追求经济增长樊笼的途径，既能使城市稀缺的水、土资源得到合理利用，使植物和动物养分资源可持续利用，又能促进城市生态环境的改善，于是，人们把关注的焦点转向了农村、农业。

1. 农村是生态服务产品主要供给地 北京市农村是北京市生态服务产品的主要供给地，为北京市城市居民提供着大量生态服务产品。农村居民虽为少数，但北京城市居民 80％以上的生产生态服务产品是由其承担的。随着经济社会的迅速发展，北京农村的生态服务功能不是在下降，而是在不断提升。

（1）都市居民呈现多样化的需求。随着经济发展水平的提高，人们的需求存在一个升级的过程。在人们的基本生活需要得到满足以后，随着收入的提高、闲暇时间的增加、各种物质条件和交通条件的改善，对生活质量和生存环境提出了更高的要求。一方面，生活在城市中的人们需要农业能够提供新鲜安全的食品、优良美好的环境；另一方面，人们呼吁延伸农业功能，发挥农业生态功能，为城市人们离开大城市、回归大自然、欣赏田园风光、享受乡村情趣、体验农业文明创造条件。都市农业正是适应这种需求变化而兴起的。

（2）城市生态环境日益恶化。近年来，随着现代城市的扩张和空间组织结构的变化，都市生态环境日益恶化，表现为：①排放污物的增加，导致生态承载力降低。高消耗换来的高增长，必然是高排放和高污染为代价。农业环境受到水土流失、荒漠化、全球气候变化、酸雨、自然灾害等一系列大环境背景因

6

素的困扰，对农业的稳定发展构成了巨大威胁。②农业环境质量受到自身污染问题的困扰。中国是目前世界上化肥、农药、配合饲料、地膜等用量最多的国家，畜牧业与农产品加工业正在迅猛发展，农业自身污染的潜力和风险很大。③工业的快速发展和城市的扩张，使大量的农田变为非农业用地，农业在大城市中被吞没、被废弃。这样做的结果是带来建筑过密、空间和绿地过少、生态系统严重失调，直接危害到人类的生存和发展，于是人们认识到，要改善城市环境，推进城市化进程就必须对大中城市周围的自然资源、环境资源以及城市市场资源进行综合开发利用，于是就提出了建设"有农的"城市，呼吁延伸农业的多功能，发展都市农业。

（3）资源短缺且循环率较低。城市人口众多，资源占有量严重不足。生态资源对经济发展的约束不仅表现在资源低的占有量、高的消耗量，还表现在资源循环利用的低效率。北京资源不仅浪费严重，而且综合利用率低。因此，许多可以重新利用的资源被当成了废弃物。更为令人担忧的是，随着今后城市建设用地、生态用水等需求的增长，农业水土资源还将进一步短缺，水土资源短缺成为制约都市农业可持续发展的基础因素，将会长期困扰我国农村和农业的发展。

（4）基于低碳经济理念，建设低碳城市的要求。快速的城市发展是导致碳排放问题的主要原因。目前，世界上前五个二氧化碳排放大国是美国、中国、俄罗斯、印度和日本，其排放量约占全球化石燃料燃烧排放总量的一半以上，其中美国和中国的排放量超过全球总量的 1/3。2004 年，我国温室气体排放总量为 61.0 亿吨二氧化碳当量，扣除碳汇后的净排放为 56.0 亿吨二氧化碳当量，二氧化碳排放量占温室气体比重的 83%（孟德凯，2007）。2006 年中国二氧化碳排放量为 49.74 亿吨，人均二氧化碳排放量 3.78 吨，二氧化碳排放强度为 2.35 吨/万元 GDP（曲建升，2008）。

北京作为中国的首都、国际化的大城市，农村人口、农业比重在全市经济总量中，无论是绝对数还是相对值，都是少数。但是应当看到，在工业化、城市化高速发展的进程中，农村、农业不可替代的生态地位不仅没有降低，而且愈发重要和明显。从首都经济发展的角度看，城乡产业依存度增强，城市对农产品的数量要求越来越大，品种要求越来越多，质量要求越来越高，农业承担的食品供给、健康营养和安全保障等任务越来越重；城市休闲产业正在向农业转移，农业观光、农村度假已经成为全市旅游业的重要组成部分，所占比重正在逐步提高。从城市功能的角度看，宜居城市是北京的重要定位，宜居离不开生态，都市型现代农业正是以保护生态为前提，与构建宜居城市的要求是一致的。从以人为本的角度看，发展现代农业既能满足生产者的增收愿望，又能满足消费者的各种需求，沟通了城乡，促进了和谐。由此不难看出，农业虽是统计中的少数，但绝不是可有可无的小数。

2. 农业是生态服务产品主要供给者　　与传统农业相比较，首都都市型现代农业具有一些突出特点：一是发展导向的差异性。传统农业侧重于以生产者为出发点，都市型现代农业更加突出了满足城市发展要求和市民消费需求的导向，进而提高经济效益，实现农民增收。这种发展导向连接了城乡，拉动了消费，促进了生产；二是农业的多功能性。传统农业主要是满足食品需求，体现的是生产、经济功能。而都市型现代农业除生产、经济功能外，同时具有生态、休闲、观光、文化、教育等多种功能。而且，随着工业化、城市化的进程，都市型现代农业的生态、生活功能将会日益突出和强化；三是产业之间的融合性。传统农业是封闭循环的产业，都市型现代农业是开放循环的产业。经济社会发展，城乡要素流动，第一产业必然向第二、第三产业延伸，第二、第三产业自然反哺农业，这种你中有我、我中有你的产业互促，恰恰是都市型现代农业的重要特征；发展都市型现代农业，必须发挥首都科技、人才、信息、市场和资本方面的优势，整合资源，扬长避短，走可持续发展的道路。发展都市型现代农业，关键是要着力开发农业的多种功能，向农业的广度和深度拓展，促进农业结构不断优化升级，实现质量和效益的提高和统一。

正因如此，北京农林业的生态服务功能也日益重要，它不仅直接关系着首都的生态安全，同时也关联着首都人们生活水平的日益提升。农业的多功能性正在满足着人们日益增长的物质、文化和精神层次的需求，正在满足着人们日益增长的生态产品及其服务的需求（表1-2）。

表1-2　北京都市型现代农业的主要功能

主要功能	具体功能	功能内涵
经济功能	鲜活供应功能	都市农业充分发挥其交通便利、就近生产、及时供应的特点，为都市市民提供基于科技服务和设施农业保障的有机和无土栽培的安全、鲜活的蔬菜、瓜果、花卉和特种畜禽水产等农副商品及绿色、有机和功能性保健食品
	出口创汇功能	都市农业依托大城市优越条件，冲破地域，实现与国际大市场接轨的大流通、大贸易格局，加快农副产品国内、国外的流转创汇增值，提高农业附加值
社会功能	稳定社会功能	都市农业具有"社会劳动力蓄水池"和"稳定减震器"的作用，对社会的稳定发展及对城市居民的就业和发展都有重要作用
	观光休闲功能	在都市农业区内开发观光农业、休闲农业等农业旅游项目，既可以让市民体验农耕和丰收的喜悦，增进情感和健康，也可展示农业文化，丰富都市居民休闲生活的内容，并提高农业效益

（续）

主要功能	具体功能	功能内涵
社会功能	教育文化功能	在都市区域内开辟市民农园、农业公园、农业科技园区等，让市民及青少年进行农技、农知、农情、农俗、农事教育，使他们在回归自然中感受一种全新的生活乐趣
	辐射带动功能	都市农业借助都市科技、物质及人才优势，率先实现农业现代化，起到示范、展示、辐射及带动作用
生态功能	生态平衡功能	都市农业作为都市生态系统的重要组成部分，对保护生态环境、涵养水源、调节气候、减少污染、改善城市环境质量有重要作用
	美化城市功能	主要指通过在都市栽植树木、栽培花卉、应用草坪、建立公用绿地及建设环城绿带所带来的美化效果，建立人与自然、都市与农业高度统一和谐的生态环境
	防御灾害功能	都市农业在城市中预留的农田在灾害发生时能起到减轻灾害的作用。即使发生灾害，农地也可用作暂时的避难所
示范功能	新品种推广功能	超前发展精准农业、籽种农业，围绕新品种，最大程度地节约资源，提供满足市场需求的高品质农产品
	新技术推广功能	新技术和新装备的应用，加快精准农业的推广和普及，体现先进技术与经营理念的农业科技园
	文化创意功能	发展创意型农业，要搞好农产品的文化注入，面对高端消费群，完成农产品的工艺化过程，提高农产品的观赏性和附加值

资料来源：关海玲，陈建成.2010.都市农业发展理论和实证研究［M］.北京：知识产权出版社.

3. 农村生态工程的生态服务价值　所谓生态工程（ecological engineering），即模拟自然生态的整体、协同、循环、自生原理，并运用系统工程方法去分析、设计、规划和调控人工生态系统的结构要素、工艺流程、信息反馈关系及控制机构，疏通物质、能量、信息流通渠道，开拓未被有效利用的生态位，使人与自然双双受益的系统工程技术。主要包括生态林、碳汇林、生态公园、垃圾处理等。

以植树造林工程为例，树的作用对于人来说是制造氧气、减少二氧化碳、吸尘、净化空气、有机物制造、固土、作化工原料、防风、降温、转化无机物，是生物圈不可或缺的生产者。印度加尔各答农业大学的一位教授，对一棵树算了两笔不同的账：1棵正常生长50年的树，按市场上的木材价值计算，最多值300多美元，但是如果按照它的生态效益来计算，其价值就远不止这些了。据粗略测算，1棵生长50年的树，每年可以生产出价值31 250美元的氧气和价值2 500美元的蛋白质，同时可以减轻大气污染（价值 62 500 美元）、涵养水源（价值 31 250 美元），还可以为鸟类及其他动物提供栖息环境（价值 31 250 美元），等等。将这些价值综合在一起，1 棵树的价值就不是 300 多美元了，而是 20 万美元。1 亩树林每天能够吸收 67 千克的二氧化碳，放出 49 千克氧气。1 亩树木 1 个夏季可蒸发 42 吨水，1 年可达 300～500 吨。1 亩树木 1 个月可以吸收有毒气体 4 千克。1 亩有林地比 1 亩无林地多蓄水 20 吨。1 亩防风林可保护 100 多亩良田免受风灾。

4. 城市环境污染呈放射状向农村蔓延 2013 年 3 月，北京市市长王安顺说，首都发展面临拥堵、污染、人口过快增长等问题，是人口与资源环境间的矛盾。北京人口已有 2 060 多万，年增 60 万左右，汽车达 520 万辆，年增投放 24 万辆。要探索控制城市规模，缓解人口过快增长。研究表明，城市规模和人口的快速增长，使北京生态服务供求严重失衡，现代城市病急速向农村蔓延，城市边沿向农村扩展，城市在蚕食农村，制造业在蚕食农业，环境污染在蚕食农村。

2006 年以来，北京净迁移人口每年在 50 万人左右，如果这个数字保持不变或略有增加，每年按 70 万人计，到 2020 年，北京人口规模将达 2 506 万人或 2 618 万人。同时，北京地区的劳动人口的比例，将由 2010 年的 77％下降到 2020 年的 73％或 72％，而"一老一少"即老年人和少年儿童人口呈增长趋势，且老龄人口增速快于少年儿童增速。未来 10 年，一方面劳动力供给仍然充足，就业形势依然严峻；另一方面，老龄化程度不断加剧，公共服务和社会保障压力增大。解决好大量劳动人口就业和"未富先老"问题，成为未来发展的关键。

由于人口和城市规模过快增长、机动车保有量快速增加和公共服务设施的承载能力约束，农村垃圾处理、环境保护供给不足。城市中心区的环境污染已呈放射状向农村发展蔓延，农村正在承接着城市"摊大饼"带来的污染扩散，城市新区和中小城镇的大气污染、垃圾污染、水污染、农田污染已十分严峻。

二、北京农村生态服务供给现状和问题

（一）生态服务产品供给缺口不断加大

北京市社会科学院发布的北京蓝皮书——《北京经济发展报告（2012—2013）》指出，北京率先进入发达经济初级阶段。蓝皮书指出，2012 年北京经济总量已达 17 801 亿元，在全国率先进入发达经济初级阶段。2012 年，北京人均地区生产总值按年平均汇率折算达到 13 797 美元，即使扣除美元通胀因素和与人均国民收入之间的差额，按照世界银行的标准，将北京划分

为发达经济体比较确切。此外，世界上主要发达经济体，第三产业占地区生产总值的比重一般都超过 70%，纽约、伦敦和东京等接近或超过 90%。北京第三产业比重现已达 76.4%。同时，蓝皮书又指出，当前北京市 PM2.5 年均浓度为 70 毫克/米^3，预计至 2030 年才能达到世卫组织建议的目标 35 毫克/米^3。

城市在扩张，人口在增长，生活需求在升级，对生态服务产品的需求不是在减少，而是在增加、在升级。新鲜的空气、纯净的淡水、安全的食品、安逸的生活环境已成为当代都市人生活可望而不可即的奢侈品。随着人们对水质、空气质量、食品安全等生态产品刚性需求的增加和升级，生态产品越来越供不应求，供给缺口持续加重。

可见，人们更在关注生态危机，关注生态问题，在渴求生态服务产品的均衡增加。生态问题越来越引人注意，生态服务产品供求严重不均衡。

（二）农村生态服务供给增量因子分析

影响农村生态服务供给的因子较多，可以从增量因子和减量因子两个方面分析（图 1-4），对于增量因子，需要加强保护、增加投入和建设，以增加生态产品的供给，提升生态供给总量；对于减量因子，则需要加强处理设施建设，通过节能减排，以遏制污染有害物质，预防生态供给总量的减少。

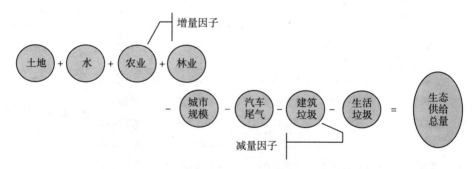

图 1-4　北京农村生态服务供给因子示意图

1. 土地　土地是人类赖以生存和发展的重要物质基础，也是不可再生的有限资源和十分宝贵的财富，更是生态服务产品的生产者或供给者。近年来，随着国际大形势的发展，北京经济迅猛发展，连续几年都保持着两位数的增长速度。特别是我国加入 WTO、申奥成功之后，其国际地位日趋凸显，发展环境空前优越。正是在这样的社会环境下，北京的人地矛盾日益严峻，特别是耕地资源十分紧缺，减少的趋势难以逆转。如何合理有效地解决人地矛盾，协调耕地资源供需和经济发展之间的关系已成为北京未来经济和社会可持续发展的关键问题。

北京市的北部和西部主要是山区，平原大多集中在东部和南部地区。随着北京城市化的快速发展以及环境保护、防风固沙、退耕还林的要求，耕地资源日趋减少。

（1）耕地资源总量少，减少速度快。2005年10月底，全市耕地总面积为233 400公顷，占全市土地总面积的14.22％。据统计，1949—1995年全市耕地面积减少131 627公顷，年平均减少3 760公顷。1996—2005年全市耕地面积减少110 523公顷，年平均减少12 280公顷。特别是自2000年来，耕地年平均减少19 170公顷。2001—2008年，全市耕地面积减少59 912公顷，年平均减少7 489公顷。

（2）耕地资源质量差。北京市受污染的耕地面积高达84 000多公顷，1/2以上的河段受到不同程度的污染，水土流失面积304 000公顷，风蚀和沙化土地88 700公顷。特别是在耕地占补平衡中，只注重数量上的平衡，忽视了质量上的平衡，很多优质农田被占用，以劣质农田取而代之，造成了耕地质量低下。

（3）人均耕地数量少，后备耕地资源严重不足。2004年统计数据显示，北京市人均耕地面积仅为0.03公顷，约为全国平均水平（0.095公顷）的30％，低于世界粮农组织规定的人均耕地0.053公顷的警戒线（表1-3）。

表1-3　北京市2001—2008年土地资源利用情况

（单位：千米^2）

年度	农用地		建设用地	未利用土地	土地面积
	合计	耕地			
2008	10 959.81	2 316.88	2 277.15	2 073.58	
2007	10 989.38	2 325.87	3 325.57	2 086.58	
2006	11 038.21	2 325.75	3 272.64	2 099.63	16 410.54
2005	11 055.00	2 334.00	3 230.00	2 125.00	
2004	11 078.40	2 364.30	3 197.20	2 134.90	
2001	11 099.00	2 916.00	2 991.00	2 320.00	

资料来源：北京统计年鉴（2001—2009）。

目前北京土地供给压力日益增大，人地矛盾更加尖锐，保护提供生态产品的耕地和基本农田保护形势严峻，城乡区域间用地结构和布局尚待优化，节约集约用地能力仍需增强，国土资源综合治理和生态基础设施建设力度仍需加大，土地管理机制亟待创新。这些都越来越成为制约北京市城乡统筹发展的重要因素。

2. 水资源　由文魁、祝尔娟等著的《京津冀发展报告（2013承载力测度

与对策)》提出，京津冀属于严重缺水地区。按照国际标准，人均水资源低于
3 000 米³ 为轻度缺水，低于 2 000 米³ 为中度缺水，低于 1 000 米³ 为重度缺
水。国际极度缺水标准是人均 500 米³，300 米³ 是危及人类生存生活底线的灾
难性标准，而北京人均水资源量则在 100 米³ 左右。2011 年，北京水资源总量
为 26.81 亿米³，按照 2011 年末常住人口 2 018.6 万人加上流动人口约 240 万
人计算，北京市人均水资源占有量仅为 134.7 米³，远低于国际上重度缺水的
标准（表 1 - 4）。

表 1 - 4　北京市 2000 年以来人口和水资源状况

年度	2000	2002	2004	2006	2008	2010	2012
人口（万人）	1 385.1	1 423.2	1 492.7	1601.0	1 771.0	1 961.9	2 069.0
水资源总量（亿米³）	19.2	16.1	21.4	22.1	35.1	35.2	39.5
人均水资源（米³）	139.7	114.7	145.1	140.6	198.5	120.8	191.0

数据来源：北京市统计年鉴（2001—2013）。

根据测算，北京水资源人均需求量约为 345 米³，水资源只能承载 667 万
人，相当于现有人口规模的 40%；现实供水量的水资源承载力约 1 000 万人左
右，相当于现有人口规模的 60%，水资源已成为北京发展的"短板"。北京的
水资源短缺非常严重。如果以国际极度缺水标准来衡量，北京能发展到今天可
谓奇迹。2012 年，北京市水资源总量为 39.50 亿米³，按照年末常住人口 2 069
万人计算，北京市人均水资源占有量为 191 米³，全市总用水量为 35.9 亿米³，
其中生活用水 16.0 亿米³，环境用水 5.7 亿米³，工业用水 4.9 亿米³，农业用
水 9.3 亿米³，人多水少是北京的基本市情。

实际上，北京的现实供水量高于当地水资源量。北京多年平均水资源量为
23 亿米³，近年来用水总量在 35 亿米³ 左右，用水缺口约 12 亿米³，主要靠超
采地下水和从周边省份的调水来弥补。如果人口持续膨胀，南水北调的水量将
会被快速增长的人口所吞噬。应加快城市污水和垃圾处理设施建设、城市绿色
发展带、水岸经济带建设，注重湿地保护，改变人们的消费行为和生活方式。
同时鼓励开发商采取生态社区节水工程，实行分质供水，实施高质高用、低质
低用；建设渗水地面，涵养地下水，作为景观水体及地下水的补水，冲淡地下
水中的盐碱。

据统计，北京市 2000—2012 年用水总量变化不大，但生活用水量明显
增加（图 1 - 5），这和城市扩张过程中人口增加和生活水准提升有很大
关系。

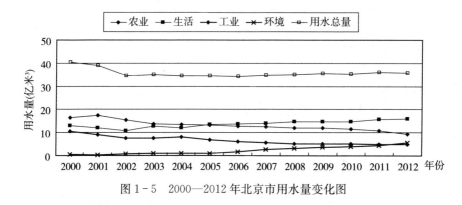

图 1-5　2000—2012 年北京市用水量变化图

3. 农林业　根据北京市统计局、国家统计局北京调查总队、北京市园林绿化局、北京市水务局等部门以及中国科学院、中国林业科学院、北京师范大学、北京天合数维科技有限公司等研究机构、高等院校共同研究建立的北京都市型现代农业生态服务价值测算指标体系和测算方法，北京市森林、农田、草地、湿地四大生态系统的生态服务价值测算结果显示，2011 年，北京都市型现代农业生态服务价值年值为 3 241.58 亿元，比上年增长 5.7%；贴现值为 8 968.15亿元，比上年增长 2.5%；北京都市型现代农业生态服务价值年值构成中，直接经济价值为 388.76 亿元，占总价值的 12%，比上年增长 11.4%；间接经济价值为 1 073.41 亿元，占总价值的 33.1%，比上年增长 7%；生态与环境价值为 1 779.42 亿元，占总价值的 54.9%，比上年增长 3.8%（表 1-5）。

表 1-5　2011 年北京都市型现代农业的生态服务价值构成

项目	年值（亿元）	比上年增长（%）	贴现值（亿元）	比上年增长（%）
都市型现代农业生态服务价值	3 241.58	5.7	8 968.15	2.5
一、直接经济价值	388.76	11.4	388.76	11.4
1. 农林牧渔业总产值	363.14	10.7	363.14	10.7
2. 供水价值	25.62	23.1	25.62	23.1
二、间接经济价值	1 073.41	7.0	1 073.41	7.0
1. 文化旅游服务价值	499.33	15.5	499.33	15.5
2. 水力发电价值	3.38	1.8	3.38	1.8
3. 景观增值价值	570.70	0.7	570.70	0.7
三、生态与环境价值	1 779.42	3.8	7 505.99	1.4
1. 气候调节价值	623.1	10.4	1 961.30	3.7
2. 水源涵养价值	179.71	2.3	278.11	1.8

（续）

项目	年值 （亿元）	比上年增长 （%）	贴现值 （亿元）	比上年 增长（%）
3. 环境净化价值	134.83	0.0	928.23	0.5
4. 生物多样性价值	634.53	0.2	2 196.93	0.4
5. 防护与减灾价值	193.62	0.5	1 198.82	0.7
6. 土壤保持价值	1.26	−5.1	7.26	−0.9
7. 土壤形成价值	12.37	0.2	259.77	0.2

资料来源：北京市政府信息网 http：//zfxxgk. beijing. gov. cn/columns/2652/5/361091. html。

（三）农村生态服务供给减量因子分析

1. 人口规模　《北京城市总体规划（2004—2020 年）》曾规划：至 2020 年，北京市总人口规模规划控制在 1 800 万人左右，年均增长率控制在 1.4% 以内。其中，户籍人口 1 350 万人左右，居住半年以上外来人口 450 万人左右。2020 年，北京市城镇人口规模规划控制在 1 600 万人左右，占全市人口的比例为 90% 左右。考虑到影响城市人口集聚的多方面因素及其不确定性，为适应首都城市经济社会的快速发展，根据对城市实际发展速度的动态监测，适时调整城市基础设施建设及城市空间布局，积极应对各种发展状况，始终保持城市规划对城市发展和建设的调控作用，统筹人口、资源与环境，实现协调发展（图 1-6）。

具体控制和引导城镇人口分布的路线主要是：①积极引导人口的合理分布，通过疏散中心城的产业和人口，大力推进城市化进程，促进人口向新城和小城镇集聚。2020 年，中心城人口规划控制在 850 万人以内，新城人口约 570 万人，小城镇及城镇组团人口约 180 万人。②严格控制中心城人口规模，进一步疏解旧城人口，合理调整中心城的人口分布。中心城中心地区人口约 540 万人（其中旧城人口约 110 万人），边缘集团人口约 270 万人，绿化隔离地区及外围地区人口约 40 万人。③积极促进区域协调发展和整体生态环境的改善，引导人口在区域层面上的合理分布，保证远期北京人口规模突破规划控制的 1 800 万人时，区域具有足够的集聚和吸纳能力。④加强人口的引导与管理，努力控制首都人口过快增长。坚持计划生育的基本国策，做好流动人口的管理服务工作。积极探索，充分运用法律、经济和行政等多种手段对人口的增长与分布实行有效的引导和调控。

然而，事实呢？按照 1996—2011 年的数据计算，户籍人口年均增长 13.3 万人，按此速度，到 2020 年，北京户籍人口将增加 120 万人。如果按照 2000—2011 年户籍人口年均增加约 15.5 万人计算，到 2020 年北京市户籍人口可增加 139 万人。

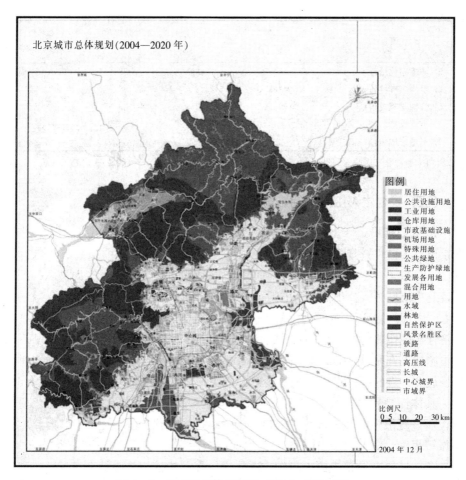

图 1-6　北京市总体规划图（2004—2020 年）

取不同的时间段，外来人口的增长速度也有不同，但均大大快于户籍人口增长：1996—2011 年，外来人口年均增长 37.4 万人；2000—2011 年，年均增长 44.2 万人；2006—2011 年，年均增长 67.8 万人。按照上述不同速率计算，到 2020 年，外来人口分别可能增加约 336 万人、398 万人和 610 万人。综合计算，至 2020 年，北京市常住人口取低限，可达到 2 474 万人，取高限，则将达到 2 770.3 万人。

2011 年，北京市常住人口 2 018.6 万人，其中，功能核心区 215 万，占 10.65%；城市功能拓展区 986.4 万人，占 48.87%；城市发展新区 629.9 万人，占 31.20%；生态涵养区 187.3 万人，占 9.28%。随着城市规模继续像摊大饼一样向农村扩张，城市人口也像摊大饼一样向农村扩散。城市功能拓展区和城市发展新区人口有增无减（表 1-6）。

表 1-6　北京市 2001—2011 年人口增长状况统计表（万人）

年份	2001	2002	2003	2004	2005	2006	2007	2008	2009	2010	2011
户数	405.29	416.25	427.62	439.8	451.7	463.65	473.02	481.18	488.7	496.07	503.1
户籍人口	1 122.3	1 136.3	1 148.8	1 162.9	1 180.7	1 197.6	1 213.3	1 229.9	1 245.8	1257.8	1 277.9
常住人口	1 385.1	1 423.2	1 456.4	1 492.7	1 538	1 601	1 676	1 771	1 860	1 961.9	2 018.6

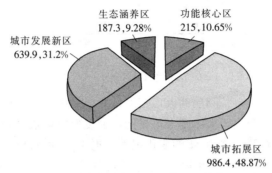

图 1-7　北京市各功能区人口状况（单位：万人）

资料来源：北京统计年鉴（2012 年）北京分区县统计资料。

北京市统计局、国家统计局北京调查总队于 2013 年 1 月 20 日联合发布的数据显示：2012 年年末北京常住人口 2 069.3 万人，比上年末增加 50.7 万人。其中，在京居住半年以上外来人口 775.8 万人，增加 31.6 万人。2012 年，北京常住人口增量是近年来较少的一年。这是因为人口聚集与经济发展相关。2012 年北京地区生产总值比上年增长 7.7%，增速为近年来较低的一年。这在一定程度上影响了常住人口的增加。统计显示，北京常住人口增速下降的趋势在 2011 年已经出现。2011 年年末，北京常住人口 2 018.6 万人，比上年末增加 56.7 万人，增长 2.9%，增速比 2001—2010 年 10 年的年均增速下降 0.9 个百分点（表 1-7）。

表 1-7　1990 年、2000 年、2010 年北京市不同区域人口数量和人口密度*

项目	年份	中心区	近郊区	远郊区	都市区	市域
人口密度 （人/千米²）	1990 年	26 826	3 110	289	1 044	640

----

　*　：城市中心区含东城、西城（原东城、西城、崇文、宣武 4 区）2 区，朝阳区、丰台区、山区和海淀区 4 个区作为近农村，把市域其余的 10 个区县作为远农村，包括门头沟、房山、通州、顺义、昌平、大兴、怀柔、平谷、密云、延庆。北京都市区是指市域中除了平谷、怀柔、延庆和密云以外的 14 个区县。

　资料来源：祝炜．北京市人口分布特点的密度梯级分析．北京农业职业学院学报．2012 年第 2 期。

（续）

项目	年份	中心区	近郊区	远郊区	都市区	市域
人口密度	2000 年	24 278	4 980	326	1 343	802
（人/千米²）	2010 年	23 407	7 488	525	1 979	1 195
增长量	1990—2000 年增长量	−2 548	1 870	37	299	162
	2000—2010 年增长量	−871	2 508	199	636	393
增长率	1990—2000 年增长率（%）	−9.50	60.13	12.80	28.64	25.31
	2000—2010 年增长率（%）	−3.59	50.36	61.04	47.36	49.00

注：1990 年与 2000 年数据来自冯健、周一星，2003；2010 年的数据来自北京市 2010 年第六次全国人口普查主要数据公报。

资料来源：祝炜.北京市人口分布特点的密度梯级分析［J］.北京农业职业学院学报.2012（3）.

由此可见，北京市各圈层的人口密度格局仍是中心区、近农村、远农村人口密度依次降低，变化量次序则大不相同，密度变化量最大的近农村，中心区次之；从增长率来看，这 20 年的变化很大，近 10 年远农村的增长率明显增长很快，从 12.8% 提高到 61.04%，超过了自身的 50%，而且明显超过了近农村，北京市人口继续向农村扩散。

2. 汽车保有量　2012 年北京汽车保有量为 520 万辆。这 520 万辆汽车如果全部运行，每天将排放 41 600 万克污染物，即 416 吨（图 1-8）。

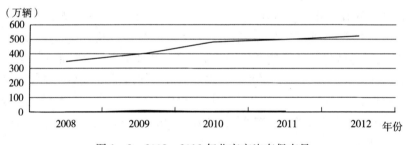

（万辆）

图 1-8　2008—2012 年北京市汽车保有量

汽车尾气污染物主要包括：一氧化碳、碳氢化合物、氮氧化合物、二氧化硫、烟尘微粒（某些重金属化合物、铅化合物、黑烟及油雾）、臭气（甲醛）等。北京空气中的一氧化碳 85.9% 来自于机动车尾气，空气中的氮氧化物则有 56.9% 来自机动车尾气，而氮氧化物是造成灰霾天的主要原因之一……这是机动车尾气对北京空气的毒害。机动车尾气，已经成了北京大气的首要污染源，而且，它包含有一氧化碳、碳氢化合物、氮氧化物、硫氧化物等 100 多种致癌物质。因为与工业、燃煤所排放出的污染物相比，机动车排出的尾气正处在人们的呼吸带上，这种低空污染更直接危害到人体健康。北京小汽车日均行驶 45 千米。按这个平均数和排放量最少的国Ⅳ标准来计算，每辆车每天也往大气里排出了至少 80 克污染物。

目前，北京民用汽车保有量主要在城市功能拓展区，占 50.37%；其次是城市发展新区，占 26.36%，再次是功能核心区，占 16.05%，最后是生态涵养发展区，占 7.22%（图 1-9）。另外，我们不能忽视的是在远郊区县，还有大量河北省牌照的汽车。

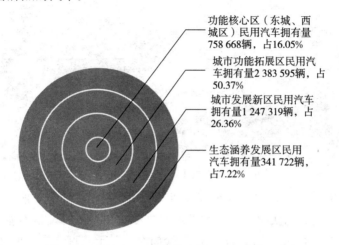

功能核心区（东城、西城区）民用汽车拥有量 758 668 辆，占 16.05%

城市功能拓展区民用汽车拥有量 2 383 595 辆，占 50.37%

城市发展新区民用汽车拥有量 1 247 319 辆，占 26.36%

生态涵养发展区民用汽车拥有量 341 722 辆，占 7.22%

图 1-9　北京市 2011 年各功能区民用汽车拥有量
资料来源：北京统计年鉴（2012 年）北京分区县统计资料。

汽车在大量消耗资源的同时，其排放的尾气会严重影响人类健康。汽车尾气中的一氧化碳与血液中的血红蛋白结合的速度比氧气快 250 倍。所以，即使有微量一氧化碳的吸入，也可能给人造成可怕的缺氧性伤害。轻者眩晕、头痛，重者脑细胞将受到永久性损伤；氮氧化合物、氢氧化合物会使易感人群出现刺激反应，患上眼病、喉炎，尾气中氮氢化合物所含苯并芘是致癌物质，它是一种高散度的颗粒，可在空气中悬浮几昼夜，被人体吸入后不能排出，积累到临界浓度便激发形成恶性肿瘤。

3. 城市垃圾　在土地资源紧缺的北京，除了有"住房难"等，如今还有污水排放、建筑扬尘、燃煤烟尘、倒垃圾难等问题。一方面，城市垃圾以年均 8% 的速度递增，比当地人均收入的增长水平还高；另一方面，垃圾处理已成为一大难症。其一是垃圾清理问题严重，其二是垃圾填埋问题严重，其三是处理问题严重。

目前，北京每天产生垃圾 1.8 万吨，并且按照每年 8% 的速度在增长，预计到 2015 年，年产生垃圾总量将达到近 1 200 万吨。如果不采取措施，北京的垃圾危机很快就要出现。预计到 2015 年，年产生垃圾总量将达到近 1 200 万吨。如果不采取措施，北京的垃圾危机很快就要出现（图 1-10）。

图 1-10 北京城市垃圾量年递增 8%，每年填埋占地 500 亩

目前，北京 90% 的垃圾为填埋处理，每年约占用 500 亩土地。"处理方式过于单一，加之目前实现垃圾分类处理有难度，如果新的设施不能及时建设，4 年后，北京将面临垃圾无法处理的严峻局面。对于北京这样土地资源紧张的城市，采用焚烧处理，尤为重要"（图 1-11、图 1-12）。

图 1-11 小城镇垃圾填埋挤占良田

图 1-12　郊野公园水域遭受污水侵袭

4. 大气污染　2013 年 1 月份，北京市雾霾天数达到 25 天，其原因在于北京市区和周边的污染排放。北京市虽然应对雾霾天气启动应急减排措施，但空气污染治理已非常严峻*。由于人口过快增长、机动车保有量快速增加、城市规模过快增长和公共服务设施的承载能力的约束，农村的垃圾处理、环境保护供给依然不足。城市中心区的环境污染已呈放射状正在向农村发展蔓延，城市新区和中小城镇的大气污染、垃圾污染、水污染、农田污染也十分严峻。分析直接原因，在于我们所面对的是一个高污染、高排放的巨型城市。在中国气象局 2013 年 7 月 2 日召开的新闻发布会上获悉，6 月份，北京雾霾日数已达 18 天**，为最近 30 年常年同期雾霾日数（3.2 天）的近 6 倍，为近 10 年同期雾霾日数（6.4 天）的近 3 倍，和去年同期（12 天）相比，也偏多五成。图 1-13 即是北京市空气污染情况，城南地区空气质量不容乐观，2012 年空气中可吸入颗粒物年平均浓度值为 0.123～0.126 毫克／米^3（图 1-13）。

北京蓝皮书（2013 年）《社会发展报告》中分析说，当前北京市 PM2.5 年均浓度为每立方米 70 毫克（mg/m^3），预计至 2030 年才能达到世卫组织建议的目标 35 毫克／米^3。北京已经出台《北京市 2012—2020 年大气污染治理措施》，制订了"三步走"的战略目标。第一步：2015 年，PM2.5 浓度要下降到 60 毫克／米^3；第二步：2020 年，PM2.5 浓度控制在 50 毫克／米^3 以下，比 2010 年减少 30%，相当于目前密云水库上空的空气质量；第三步：按照世贸组织为发展中国家设定的最低空气质量标准，年均浓度要达到 35 毫克／米^3，预计到 2030 年才可能实现。之后，又先后紧锣密鼓地出台和实施了《北京市

---

　*　北京雾霾天气：严重污染或持续 4 天 . http：//www. wenzhousx. com/weather/zixun/47496. html.

　**　北京 6 月份雾霾日数达 18 天，近 50 年来最多. 2013 年 07 月 03 日 04：39 人民网-人民日报

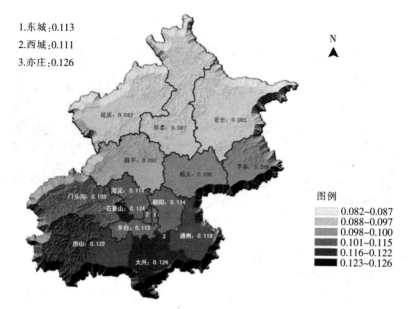

图1-13　北京市2012年区县空气中可吸入颗粒物年平均浓度值（单位：毫克/米³）

注：转自《2012年北京市环境状况公报》。

2013—2017年清洁空气行动计划》和《北京市清洁空气行动计划（2011—2015年大气污染控制措施)》。

> **●专栏：空气污染指数和空气质量指数**
>
> 空气污染指数（air pollution index，API）是一种反映和评价空气质量的方法，就是将常规监测的几种空气污染物的浓度简化成为单一的概念性数值形式、并分级表征空气质量状况与空气污染的程度，其结果简明直观，使用方便，适用于表示城市的短期空气质量状况和变化趋势。空气污染指数是根据环境空气质量标准和各项污染物对人体健康和生态环境的影响来确定污染指数的分级及相应的污染物浓度限值。
>
> 空气质量指数（air quality index，AQI）是定量描述空气质量状况的无量纲指数。2011年12月，位于北京的美国驻华大使馆监测到高达522微克/米³的PM2.5瞬时浓度，对应的空气质量指数已经超过上限值。这也是继2010年11月21日后，美使馆监测到的PM2.5瞬时浓度的第二次"爆表"。2012年上半年出台规定，将用空气质量指数（AQI）替代原有的空气污染指数（API）。
>
> 我国目前采用的空气污染指数（API）分为五级：相对应空气质量的7个级别，指数越大、级别越高，说明污染的情况越严重，对人体的健康危害也就越大（表1-8）。

表 1-8　空气质量指数分级情况

级别	AQI	空气质量	注意事项
Ⅰ	0～50	优	相当于达到国家空气质量一级标准，符合自然保护区、风景名胜区和其他需要特殊保护地区的空气质量要求
Ⅱ	51～100	良	相当于达到国家空气质量二级标准
Ⅲ1	101～150	轻微污染	易感人群症状有轻度加剧，健康人群出现刺激症状
Ⅲ2	151～200	轻度污染	心脏病和呼吸系统疾病患者应减少体力消耗和户外活动
Ⅳ1	201～250	中度污染	心脏病和肺病患者症状显著加剧，运动耐受力降低，健康人群中普遍出现症状，老年人和心肝病、肺病患者应减少体力活动
Ⅳ2	251～300	中度重污染	健康人运动耐受力降低，有明显强烈症状，提前出现某些疾病
Ⅴ	301～500	重度污染	老年人和病人应当留在室内，避免体力消耗，一般人群应尽量减少户外活动

　　北京有 2 000 多万人口，在进入 21 世纪以来，城市规模迅速扩大，农村人口迅速增加，尤其是农村城乡结合部和广大农村，市政配套的规划和投资不足，再加上百姓"粗放型"生活，垃圾处理存在许多问题。官僚主义、形式主义的管理方式也更令人担忧。

（四）农村生态服务供给的主要问题

1. 城市过度扩张负面效应显现　　自 20 世纪 90 年代以来，北京城市规模快速扩张，建成区面积从 400 多千米^2 扩大到现在近 1 200 多千米^2，几乎是原来的 3 倍；人口从 700 万增加到 2 000 多万，也是原来近 3 倍；机动车则从 60 多万辆增加到 500 多万辆，是原来 9 倍。北京城市屡超规划的扩张给城市资源、环境、交通、治安、日常运行和管理带来了巨大的压力。问题是迄今为止，北京还没有找到控制城市继续快速扩张、功能继续增强的比较合理、有效的办法。城市规模扩张式建设格局依然在延伸，流入人口以每年 60 万速度在增加，机动车每年增加 50 多万辆，而且北京机动车使用频度要比其他世界城市高出几倍。显而易见，如果再按目前这样扩张下去而不加以控制的话，北京将会膨胀成什么样，那样的城市在未来将如何生存不堪想象。毋庸置疑，北京建设世界城市，必然不能延续简单的扩张式发展路径，而需要采取必要的限制措施；必然不能听任扩张冲动的主宰，而要规之以发展理性；必然要在疏解城市功能、增强可持续发展方面走出新路子。城市建成区面积、人口规模、能源与资源消费总量、机动车保有量、施工规模等可能影响环境质量的诸多因素，还在继续增长，改善环境质量压力继续增大。由于城市快速发展，进一步大幅控制和削减污染物排放总量的难度加大。同时，自身存在的不利自然条件以及区域生态退化带来的负面影响，环境的污染不会在短期内显著缓解，生态状况不会在短期内有效改善，环境保护工作、生态服务供给任重道远。

2. 由于工业和城市扩展，使耕地资源质量下降　第一，工业"三废"造成的土壤污染呈蔓延趋势。有些地区，尤其是以钢铁、建材、矿产等为主的地区，废水、废气、废物、粉尘等污染较为严重，有相当部分的土壤受到不同程度的重金属和粉尘的污染。第二，农业生产中大量使用化肥、激素、抗生素、农药等，不仅污染农产品，还导致耕地污染。地膜等不可降解的"白色"污染，也严重影响耕地环境质量。按目前的技术能力，土壤污染很难治理，危害将长期持续。第三，耕地土壤肥力明显下降。如荆门市由于化肥的过量和失衡使用、有机肥的投入不足，导致土地有机质含量低，养分失调，地力减退，耕地质量下降。目前，该市耕地中有机质含量为2%，低于全国平均水平。

2013年11月，北京市人大常委会执法检查组提供的关于《北京市实施〈中华人民共和国水土保持法〉办法》实施情况报告。报告称，大规模建设导致北京人为水土流失剧增。报告指出，北京水土流失防治形势严峻。据测算，"十一五"期间生产建设项目扰动土地800千米²，人为水土流失近700万吨；已经建成的生态清洁小流域仅占山区小流域的38%，且未纳入公共事业经费保障，导致建了又毁、毁了又建；山区土层不足30厘米的土地超过40%；怀柔、密云、房山等10个区县有805条泥石流沟道，受影响人口15万多人；大面积城市硬化，雨洪利用工程严重不足，造成降水难以存蓄，地下水难以补给，排水压力不断加大，极易形成内涝。报告指出，水土保持不仅仅是农业资源的保护和利用问题，已经变为生态问题，影响城市安全；水土保持的重点也不仅仅在山区，已经转向城市和平原。从平原和城区来讲，水土流失的重要原因是生产建设项目管理薄弱。有关部门存在"以审代管"的现象。大量项目通过审批后，不落实建设、监理、验收、监测费用。有的方案发生重大变更，不履行审批手续。水土保持设施的验收率偏低[*]。

3. 农业污染，使水资源质量下降　20世纪90年代以来，农业污染问题越来越突出，农业污染已经成为水体富营养化的重要原因之一。农村生活污水绝大部分都未经处理直接排放到水体，生活垃圾露天堆放也随地表径流进入水体。水产养殖过程中密度大且不合理的饵料、渔药的使用也造成了一定程度的水体污染。特别是村庄前后的塘堰大多已经被污染，直接影响了村民的生活。在今后的发展时期内，农村水源污染将成为继工业污染之后的又一项重大环境污染问题。

---

［*］北京大规模建设加剧水土流失，http://news.hexun.com/2013-11-22/159923365.html。

北京缺水问题究竟由哪些因素导致？一是城市规模持续膨胀。进入 21 世纪以后，北京降水多年低于平均降水量，由于上游地区用水的增加和降水减少的叠加，北京的水资源来水量减少，加剧了北京市水资源供需矛盾。这是由北京水资源需求和供给共同作用的结果，城市扩张和人口膨胀是主要动力。如果解决北京水资源供需矛盾，必须在城市扩张和人口规模上有所限制，否则"摊大饼"式的发展，水资源供需矛盾难以走出"扩张—调水—扩张—调水"的怪圈。历史上的北京湖泊众多，随着永定河的改道，湖泊水系处于不断萎缩之中，这是自然与人为共同作用的结果。从自然角度来看，气候变化导致的降水减少是导致河湖干枯的重要原因。从人工干扰情况来看，由于人口的增加和国民经济的发展，用水增多和修建了大量的水库起到了推波助澜的作用。二是刚性需求增加迅猛，新中国成立初期 1 个人 1 天用水 7 升就够了，现在平均是256 升。现在每家每户都用抽水马桶，洗衣服用洗衣机，还有洗车，20 世纪40 年代没有这些设施，包括现在的足疗、洗浴、游泳等都算是生活用水。最根本的还是人口的调整，人口的调整就是城市职能的调整。三是淡漠的节水意识。北京的供水安全遭遇前所未有的压力之下，这座超大型城市居民的节水意识却不甚理想。环保意识喊了十几年了，北京人民的这个意识可以说很强了，但节水意识却是相当的淡薄。问题不在于政府怎么呼吁，关键是要有激励机制，让企业、市民、农民自动节水。

4. 农村废弃物处理滞后，卫生状况堪忧　养殖业发展后，产生的大量畜禽粪便由于得不到及时、有效的处理，农民居住环境和生产环境污染加剧。畜禽粪便的随意排放导致有害病毒病菌扩散和传播，成为疾病增多和一些传染性疾病流行的重要根源之一，直接威胁广大农民群众的身体健康。同时，由于受到经济条件和技术水平的限制，目前，除县城外，各乡（镇）都还没有规范的垃圾处置场。在广大农村更没有任何环境基础设施，农村生产生活产生的各类污染源直接排放，农村的生活垃圾一直处于无人管理的状态，不少垃圾堆积在道路两旁、田边地头、水塘沟渠，严重影响着农村地区的环境卫生。

5. 工业、旅游开发带来的环境污染和破坏　北京一些生态景区在没有统一的、高起点的规划前提下盲目开发，致使一些原生态的旅游景区受到冲击，存在开发和建设中的破坏问题。野生动植物物种有所减少，一些特殊的地貌也受到了破坏，生态系统较为脆弱。另外，一些地区为了发展经济，只顾眼前利益，不考虑持续性发展，造成生态旅游目前面临很多环境问题。主要表现为：旅游区环境卫生状况较差，区内垃圾被随意抛洒堆积；一些热点旅游区超规模接待游客，旅游区人满为患；水体受污染，空气质量下降，旅游资源受到损害，生态环境严重退化等。

6. 生态林、湿地等质量和管理问题严重 森林、湿地是陆地生态系统的主体，具有固碳释氧、减排增汇、保持水土、涵养水源、防风固沙等多种功能，对改善首都生态环境发挥着不可替代的作用。但全市山区森林质量还不高，结构不尽合理，生物多样性不够丰富，碳汇能力不够强。目前，北京纯林占80%，中幼林占81.7%，亟待抚育的有600万亩，低质低效林达300万亩，每公顷森林蓄积量仅为27.88米³，是全国平均水平的40.1%、世界平均水平的28.6%（表1−9）。平原林网还存在一定数量的残网断带，防护效益较低，湿地面积缩减，生态功能下降，保护与恢复力度不够，垃圾污染严重（图1−14）。与世界城市和"人文北京、科技北京、绿色北京"的要求相比还有很大差距，提升生态服务功能的任务还十分繁重。

表1−9 北京市和全国、国际碳汇能力比较

项目	单位蓄积量（米³/公顷）	单位碳储量（吨/公顷）
北京平均	27.88	21.00
全国平均	71.21	44.90
世界平均	99.85	71.50

图1−14 湿地旅游垃圾令人担忧

北京市在生态产业发展方面，存在的主要问题是耕地正在被城市扩张和建设蚕食，水资源相对于城市规模日益短缺，生态产业发展可持续性不够，生态产业经营管理创新不足；在生态工程建设方面，存在的主要问题是农村生态产业、生态工程、生态环境投资短缺问题，生态工程存在管理缺陷和可持续发展问题；在生态环境建设方面，存在的主要问题是中小城镇城乡结合部，存在环

境污染问题，部分城镇、村庄垃圾处理能力持续性仍然较差，存在开发和建设中生态破坏问题，生态修复任务仍然较大（表1-10）。

表1-10　北京市生态服务供给存在的主要问题

主要问题		具体内容
生态产业	1. 耕地正在被城市扩张和建设蚕食 2. 水资源相对于城市规模日益短缺 3. 生态产业发展可持续性不够 4. 生态产业经营管理创新不足	耕地在逐年减少；产业的组织化、规模化、集约化程度不高，产品单一、雷同，经济效益差等
生态工程	1. 农村生态产业、生态工程、生态环境投资短缺问题 2. 生态工程存在管理缺陷和可持续发展问题	如公共设施、公共厕所、公共绿地、郊野公园、湿地公园、小流域治理管理较差，存在可持续发展问题等
生态环境	1. 中小城镇城乡结合部，存在环境污染问题	如大气污染、水污染、土壤污染、面源污染、汽车尾气、噪声污染等
	2. 部分城镇、村庄垃圾处理能力持续性仍然较差	垃圾处理：生活垃圾和建筑垃圾处理设施、污水处理设施
	3. 存在开发和建设中生态破坏问题，生态修复任务仍然较大	生态破坏：例如资源开发，特别是矿产开发，工业开发，旅游开发过程中

　　总的来说，北京农村生态服务供给存在的主要问题是：一是发展生态资源日益短缺，诸如耕地正在被城市扩张和建设蚕食，水资源相对于城市规模日益短缺；二是发展生态产业可持续性不够，生态产业经营管理创新不足；三是农村生态产业、生态工程、生态环境投资短缺问题以及生态工程存在管理缺陷和可持续发展问题；四是存在中小城镇城乡结合部环境污染问题，部分城镇、村庄垃圾处理能力持续性仍然较差；五是存在开发和建设中生态破坏问题，生态修复任务仍然较大。

三、北京增加农村生态服务供给的对策

（一）珍惜有限资源，抑制扩张需求

　　在资源约束的条件下，欲增加北京农村生态服务供给，必须尽力遏制环境污染，必须控制人口、汽车保有量、城市规模等减量因子的过快增长，必须抑制对土地、水、山川等增量因子即不可再生稀缺资源的过度消费，以达到农村生态服务供给有效增长的目的。

　　1. 遏制环境污染　奥运会期间，北京蓝天天数达到171天，成为2000年以来同期最高值。可见，北京空气质量的改善与当地政府积极采取节能减排措

施关系很大。北京奥运会为建设"绿色北京"提供了契机。为改善奥运期间北京的环境，北京市采取很多行之有效的措施，比如关停高污染、高排放、高耗能企业，对机动车采取限行措施等，奥运会之后，这些措施被延续下来，推动了北京节能减排工作的开展。

2013 年，北京市在经历了严重的雾霾天气之后，加大了大气污染治理力度，启动了七大重点工程。一是能源结构调整减排工程。包括以燃气热电中心替代燃煤电厂，加快燃煤设施改电、改气，增加农村新城和农村地区清洁能源使用，增加清洁能源供应保障。二是产业结构优化减排工程。各区县将淘汰200 家以上污染企业。三是末端治理减排工程。淘汰 18 万辆老旧车，全面实施第五阶段新车排放标准和油品标准。四是监督管理减排工程。严格监管餐饮油烟污染、扬尘污染、综合整治结合部污染。五是政策创新减排工程。市发改委、环保局研究新阶段排污费征收政策，提高标准，增加种类。编制城市环境总体规划，争取列入国家试点，从源头强化大气污染防治。六是科技创新减排工程。七是空气重污染应急减排工程。

根据北京市委市政府制订的《加快污水处理和再生水利用设施建设三年行动方案（2013—2015）》，北京将利用 3 年时间，建设完成 4 大类工程，实现首都水环境的根本好转。一是再生水厂建设和污水处理厂升级改造。全市计划新建再生水厂 47 座，升级改造污水处理厂 20 座。二是配套管线建设。全市计划新建改造污水管线 1 290 千米。三是污泥无害化处理设施建设。全市计划新建污泥无害化处理设施 14 处。四是临时治污工程建设。新增日污水处理能力 19 万米^3。通过上述 4 大类工程建设，全市污水处理能力将由每天 398 万米^3 提高到 626 万米^3，污水处理率将由 83％提高到 90％，污水未经处理直接入河的现象将得到有效遏制。我们相信，经过 3 年的积极治理，北京市的环境质量会大为提升。与此同时，还必须重视：一定要不断改善城乡公共空间环境。以主要街道、广场、机场周边、中国国际展览中心新馆周边和主要公园为重点，着力构建整洁、美观、文明的城市市容。对主要大街，加大卫生保洁力度，及时清掏、清运垃圾，强化日常监督检查。严厉查处公共场所乱倒生活垃圾，严厉整治乱堆乱放，彻底清理街道两侧、道路两侧、村庄周边、居民小区内的各种堆放物，清理流动商贩，治理非法小广告，规范工地管理，解决道路遗洒问题，制止随地吐痰、乱涂乱画等行为，严厉查处、取缔在主要街道、景区占道经营、违法经营行为、露天烧烤等行为。按照"整齐美观、健康文明、和谐统一"的要求，进一步加强全市户外广告牌匾规范管理，持续开展"净空行动"，推动城区架空线入地。一定要大力整治城中村、老旧居住区和胡同街巷，坚决拆除违章建筑。要加强垃圾处理，抓住垃圾的产生、收集、运输、回收、处理5 个环节，构建减量化、无害化、资源化的垃圾处理体系。

2. 严格控制人口增长　为有效控制北京人口增长，几十年来北京一直实行严格的户籍管理制度，严格控制人口的机械迁入数量，并设立了诸多行业门槛，以控制在北京就业的外地人口数量，但实际结果是北京人口规模控制目标"屡设屡破"，而人口规划的过程，更是"步步为营，节节败退"。北京人口控制目标一再突破人口规划，人口控制政策难以有效发挥作用。以下是一组北京常住人口的数字：1949 年，北京市常住人口是 420.1 万，1960 年为 739.6 万，1986 年突破 1 000 万，2004 年为 1 492.7 万，2009 年 1 972 万，2012 年高达 2 069.3 万人。资料显示，近 10 年来，北京市农村人口增长速度远远高于城区，近农村和远农村增长率均在 50%～60%。

面对北京严峻的人口形势，政府管理部门正面临着严重的两难境地。从中国现代化整体发展考虑，大量农村劳动力向城市转移是必然趋势，农村人口变为城市居民，成为第二、第三产业的从业者，是现代化的基本内容。但是，对北京这样一个资源十分紧缺的城市来说，城市人口的大量增加，对城市的承载能力提出了严峻的挑战。北京既要为中国整体现代化的推进做贡献，又要考虑北京具体实情，做出符合社会公正、切合实际的选择。所以，建议北京市从以下几个方面控制人口和城市规模较快增长：

（1）调整功能。北京不仅是中国的政治中心和文化中心，同时还是全国的国际交往中心、知识经济中心、科技中心、教育中心、医疗中心、高新技术研发中心和国际化大都市。由于中心城区和近郊较繁华地区市政基础设施、社会经济条件均有一定基础，因此，北京的多项城市功能高度叠加在这些节点和区域，由此造成北京地区人口高度集中。据估算，在京中央单位的人口，包括中央国家机关的公务员，中央国家机关直属的企事业单位，解放军、武警以及中央直属的高校，连同家属，总数近 400 万人。要调控北京人口，一个重要的手段，就是要调整首都北京的功能定位。

作为中国的政治中心和文化中心，如果不存在迁都问题的话，这个功能定位是不能改变的。至于其他的城市功能，就有必要进行认真分析，看是否有必要进行适当调整。调整的一个重要手段，就是要淡化这些功能定位。同时将与这些功能定位密切相关的中央国家机关直属的企事业单位，包括高校、科研院所、医疗机构，作适当的压缩。至少在规模上不再进一步扩充。功能的调整，实际是资源的调整。如果教育、人才、医疗等资源继续向北京集中，这种"虹吸"效应仍会使北京的人口高速增长。

（2）区域互动。如何加快京津冀一体化建设，进而影响和辐射周边，从而推动北京周边城市和区域的均衡发展，将会在很大程度上分担区域流动人口的压力。而北京要减弱周边地区人口进京的动力，一项重要内容就是通过自身功能作用的发挥，影响和辐射周边城市和区域，进而缩小与周边城市在经济发展上的差距。目前的问题是，北京所在的京津冀地区，大中小城镇发展不均衡，城区间差距显著，整体竞争力较弱，经济、文化上均存在较大的区位落差，没有形成有区域经济特点的发展模式。要提升区域发展水平，需要京津冀三地的共同努力，同时中央政府的协调力度也是提升区域发展的重要内容。

（3）高端发展。就是走科技创新之路，大力发展高端产业。有什么样的经济结构和经济规模，就有什么样的人口结构和人口规模，而对一个地区发展什么样的产业，产业规模发展到多大，政府是能够有所作为的。必须坚持首都经济立足高端的发展方向，加快发展方式转变，通过调整优化产业结构来调控人口结构和规模，在加大对高端人才引进力度的同时，减少对低端劳动力的需求。

（4）产业转移。经济的高度密集是人口高度集中的根本原因。通过产业转移，调整经济结构在空间上的分布，引导人口形成合理的空间分布，是调控人口的重要手段。近年来，北京一直在进行产业布局的调整，在中心城区大力发展第三产业，将城区工业迁往农村，甚至京外，类似首钢搬迁一样，通过企业外迁引导就业人口外迁，再进一步引导其家庭人口外迁，以疏散城市人口。

（5）抑制冲动。北京市人口增长和城市扩张的一个重要原因，就是投资膨胀、城市扩张、追逐 GDP 增长的内在冲动。各区县都希望通过外延式增长扩张市场规模，成为次核心区、次工业区、次开发区。尤其是近些年房地产扩张冲动始终不减，"圈地运动"各区县大相径庭。所以，应该依据各区县功能定位，坚决抑制人口、城市规模增长趋势。重要的是坚持科学发展观，转变经济增长方式，通过提升城市品质，发展城市，抑制城市扩张趋势。

3. 有效控制汽车增量 根据清华大学的测算，2009 年年底，北京市机动车一氧化碳、碳氢化合物、氮氧化物、PM10 排放量的分担率为 84%、23.8%、55%、4%；而到了 2010 年年底，这四项污染物排放量的分担率分别达到了 85.9%、25.1%、56.9% 和 4.1%。这说明，机动车排放污染已经成为北京大气污染的主要来源。北京空气中的一氧化碳 85.9% 来自于机动车尾气，空气中的氮氧化物则有 56.9% 来自机动车尾气，而氮氧化物是造成灰霾天的主要原因之一……这是机动车尾气对北京空气的毒害。机动车尾气，已经成了北京大气的首要污染源，而且，它包含有一氧化碳、碳氢化合物、氮氧化物、硫氧化物等 100 多种致癌物质。因为与工业、燃煤所排放出的污染物相比，机动车排出的尾气正处在人们的呼吸带上，这种低空污染更直接危害到人体健康。北京小汽车日均行驶 45 千米。按这个平均数计算，如果您的车是按排放量最少的国Ⅳ标准来计算，每辆车每天也往大气里排出了至少 80 克污染物。那么，520 万辆汽车，如果全部运行，就每天排放 41 600 万克，即 416 吨。

所以，治理北京市大气污染，提高市民生活质量，必须控制北京的汽车保有量和治污减排。据医疗保健部门的统计，机动车尾气中的一氧化碳、

PM2.5 等污染物在阳光照射下形成光化学烟雾，容易引发呼吸道炎症、慢性支气管炎、肺气肿等疾病；并造成酸雨、雾霾等自然气象甚至灾害。目前，全国有 2/3 的人口生活在可能空气质量超标的城市中，北京市也不例外。北京500 多万辆汽车保有量，管理不好、治理不好，不仅仅危害北京市民的健康，还造成北京市严重的交通拥堵。因此，如何控制北京市汽车的保有量和治理汽车污染，问题十分严重。控制汽车保有量的路径有二，一是行政控制的，如目前北京市政府限定数量，采取摇号和出行限号，鼓励市民乘坐公共交通，或步行、骑自行车出行等；二是市场控制的办法，如上海市拍卖汽车牌照的办法。按照市场经济规则，事实上通过市场的办法具有科学性和长效性。建议政府在采取汽车限购、限行等措施外，应该更重视运用市场机制即拍卖车牌号等办法控制汽车保有量。

4. 守住耕地保有量 322 万亩"红线" 在全国城市化加快推进的背景下，北京城市人口规模增长压力依然较大，人口资源环境矛盾将更加突出。2012年 9 月 17 日发布的《北京市主体功能区规划》，注重引导各功能区域的差异化发展，将成为北京国土空间开发的战略性、基础性和约束性规划。

规划指出，今后北京国土空间开发将从外延扩张为主转向优化空间内部结构为主，城市空间在优化中得到适度控制，历史文化风貌得到严格保护，生态空间得到有效拓展。到 2020 年，全市耕地保有量为 322 万亩，基本农田保护面积 280 万亩，建设用地总量 3 817 千米^2。北京将优化空间利用结构，确定四类功能区域开发强度以及城市空间、生态空间和农业空间的比例，在此基础上，确定各类用地规模。明确四类功能区域土地供应方向和重点的同时，将严格保护基本农田，把基本农田落实到地块并标注到土地承包经营权登记证书上，禁止改变基本农田用途和位置。北京还将建立耕地和基本农田保护的经济补偿机制，建立区县间补充耕地指标有偿转让机制。

首先，要完善基本农田保护机制。①各级政府在编制土地利用总体规划时，应将集中连片的基本农田划入基本农田保护区，对基本农田实施规模化保护和建设。鼓励零星分散的基本农田，通过调整补划逐步向保护区集中。②加大土地整理复垦资金对基本农田保护区的投入，进行基本农田建设和保护。鼓励将基本农田保护区内非农建设用地和其他零星农用地优先整理、复垦或调整为基本农田；规划期间确实不能复垦或调整的，可保留现状用途，但不得扩大面积。③规划期内已安排预留建设占用耕地规模的独立建设项目以及在布局走廊范围内的交通、水利等线性工程，占用耕地面积不突破基本农田保护区内预留规模的，视同为符合规划，按一般耕地报批，按基本农田补偿。④基本农田保护区内的一般耕地在未被建设占用之前，应遵循基本农田管制和建设政策进行管护。

其次，要保护好基础性生态用地。重点保护山地、河湖湿地、天然林、自然保护区、风景名胜区、森林公园等生态敏感区。严格控制具有重要生态功能的未利用地开发，尽量减少对湿地、河湖水面、古树名木保护范围的占用，逐步降低开发补充耕地的比重。规划期内，确保具有改善生态环境作用的耕地、园地、林地、牧草地、水域水面等地类面积占国土总面积的比例在76%以上，山区同类用地比例在92%以上，平原同类用地比例在55%以上。在确保耕地和基本农田的前提下，坚持生产、生活与生态并重，逐步提高各类生态用地比重，适当扩大林地规模。强化环中心城绿色空间和城市绿色廊道的建设，推进首都和谐、安全、高效的土地生态安全系统建设。规划期末，全市林木覆盖率达到55%，人均公共绿地面积15~18米^2。

5. 保护市域面积18.4%的禁止开发区　首先，要依法保护好禁止开发区域。禁止开发区包括河湖湿地、地表水源一级保护区、地下水源核心区、山区泥石流高易发区、风景名胜区及自然保护区的核心区和缓冲区、大型市政通道控制带、中心城绿线控制范围、河流、道路以及城市楔型绿地控制范围等，原则上禁止任何建设和开发行为。

其次，要依法实施限制开发区域。限制开发区包括基本农田集中分布区、地表水源二级保护区、地下水源保护区、蓄滞洪区、山区泥石流中易发区、地质环境不适宜地区、风景名胜区、自然保护区的实验区、森林公园、农田林网、山前生态保护区、文物地下埋藏区、绿化隔离地区以及中心城外地下水严重超采区、机场噪声控制区、高压走廊、污染集中处理设施附近等，科学合理地引导开发建设行为，建设用地选择应尽可能避让。《北京市主体功能区规划》中，除人们熟悉的首都功能核心区、城市功能拓展区、城市发展新区和生态涵养发展区四个功能区之外，还首次设立了"禁止开发区域"。

禁止开发区域是按照《全国主体功能区规划》有关要求，禁止进行工业化城镇化开发、需要特殊保护的重点生态空间，呈片状分布于上述四类功能区域，总面积约3 023千米^2，约占市域总面积的18.4%。该区域按照《中华人民共和国森林法》、《风景名胜区条例》等现行法律法规规定和相关规划实施保护和利用。

北京禁止开发区域共分六类，包括世界自然文化遗产、自然保护区、风景名胜区、森林公园、地质公园和重要水源保护区。其中，世界自然文化遗产共有6处，分别是北京故宫、长城、周口店北京人遗址、颐和园、天坛、明十三陵，总面积129千米^2（未计算长城面积）。自然保护区共有14处，总面积963千米^2，其中国家级自然保护区2处，面积264千米^2；市级自然保护区12处，面积699千米^2。风景名胜区共有10处，总面积1 895千米^2，其中，国家级风景名胜区2处，面积371千米^2；市级风景名胜区8处，面积1 524千米^2。此外，禁止开发区域还包括森林公园，共有 24 处，总面积 781 千米²。其中，国家级森林公园 15 处，面积 685 千米²；市级森林公园 9 处，面积 96 千米²。地质公园共有 6 处，总面积 936 千米²。其中，国家级地质公园 5 处，面积 908 千米²；市级地质公园 1 处，面积 28 千米²。重要水源区共 3 处，总面积 347 千米²。其中，密云水库、京密引水渠一级保护区面积 273 千米²；怀柔水库一级保护区面积 21 千米²；官厅水库一级保护区（北京部分）面积 53 千米²。其他水源区在边界确定等条件成熟后，另行报市政府审定。

"在禁止开发区域中，除必要的交通、保护、修复、监测及科学实验设施外，禁止任何与资源保护无关的建设。"北京市发展改革委相关负责人表示，禁止开发区域是北京维护良好生态、保护古都风貌的重要区域，也是北京建设先进文化之都、和谐宜居之都的重要保障。

虽然禁止开发区域已经划定，但配套的地方性法规体系仍待完善。依据《中华人民共和国森林法》、《中华人民共和国自然保护区条例》、《风景名胜区条例》等相关法律法规规定，北京将尽快制定或修订北京市森林管理保护条例、自然保护区管理办法、风景名胜区管理办法、河湖保护管理条例、水污染防治条例、水土保持法实施办法等地方性配套法规和规章制度。同时，北京还应建立和完善统筹协调机制，建立分类保护机制，对自然保护区，界定核心区、缓冲区和实验区的范围；对风景名胜区、森林公园、地质公园等，可划定核心区和缓冲区。继续完善山区生态补偿机制，统筹安排支付山区发展的专项资金，改善生态环境，发展环境友好型的生态旅游产业。

6. 实行最严格的水资源管理政策 按照建设宜居城市的总体要求，北京将建立更严格的环境政策和水资源政策，以加强环境保护和生态建设。

从源头上控制污染，实行更严格的污染物排放标准和总量控制指标，严格控制污染增量，进一步减少污染物排放。严格执行规划环境影响评价和建设项目环境影响评价制度，抬高产业准入环境标准。

在四大功能区，将实施差别化生态建设政策。首都功能核心区要严格确保绿地比例，努力扩大绿化空间；城市功能拓展区要规范绿地管理，完善第一道绿化隔离地区绿地政策；城市发展新区要完善平原地区防护林网，推动第二道绿化隔离地区改造升级，引导节约使用林地，严格控制林地转为建设用地和其他农用地；生态涵养发展区要积极推进集体生态林林权制度改革，完善生态林补偿政策，强化生态林管护责任。

水资源承载量是支撑城市发展和人口规模的重要决定性因素，北京应实行最严格的水资源管理制度。建立用水总量控制、用水效率控制、水功能区限制纳污制度，确立用水总量控制、用水效率控制、水功能区限制纳污三条红线，严格实行用水总量控制，坚决遏制用水浪费，严格控制入河污染物总量。建立水功能区水质达标评价体系和考核制度，严格控制高耗水产业发展，强化饮用水水源应急管理。

（二）发展生态经济，增加有效供给

在资源约束的条件下，增加农村生态服务供给，必须对土地、水、山川、湖泊等生态服务的增量因子有效保护和增加。积极发展生态农业、生态工业、生态第三产业，继续推进郊野公园、生态林、湿地公园生态工程建设，改善生态环境和人居环境，强化生态立法和执法，加强农村生态环境的基础设施建设等。

1. 发展都市型生态农业　生态农业是根据生态学与生态经济的原理，运用系统工程及现代科技方法组建起来的综合农业生产体系。20 世纪 70 年代出现的西方生态农业，主张顺应自然、保护自然、低投入，不用化肥农药，减少机械使用，不再追求农产品的数量和经济收入，排斥现代科技的应用。而是极力强调生态环境安全、稳定，农业生产系统良性循环。生态农业是一个综合农业生产体系，涵盖了农、林、牧、渔、加工、贸易等内容，具有综合性的特点。

发展生态农业，实现农业的可持续发展，就是不以破坏农业可再生资源、降低环境质量为代价换取农业的发展，把保护环境和提高农业资源的利用与满足人类需要相结合，达到生态合理和持续发展之目的。把传统农业技术的精华和现代农业技术按照生态优化的规律加以集成，建立起生态合理、经济高效的现代化持续农业发展模式，使农业经济的增长与农业生态环境的改善结合起来，达到经济效益、社会效益和生态效益的统一。

（1）要调整农业结构。要在生态农业建设总体规划的指导下，依靠农业新技术革命，按照品质优良、规模适度、布局合理、效益显著的目标要求，进行农业结构的战略性调整，在稳定粮食综合生产能力和确保供需平衡的基础上，逐年提高无公害优质农产品的比重，重点培育和发展无公害的水果、蔬菜、食用菌、花卉等经济作物，并形成优势产业。在农业生产方式上，充分考虑和利用种养业之间的链条循环关系，致力发展立体生态农业、庭院生态农业，逐步把传统农业改造成为具有持久市场竞争力和实现农民持续增收的现代农业。

（2）改善生产条件和生态环境。要把生态农业建设与改善农业生产条件结合起来，加强农业基础设施建设，通过完善水利设施配套、建设标准化粮田、优化气象和病虫害测报系统、建立农业生产信息网络等措施，增强农业的抗风险能力；在依法保护和科学合理开发利用土地的前提下，做好退耕还林、封山育林工作，改变农村能源供给，治理工业"三废"，控制水土流失，防止水土污染，减少农业灾害。

（3）发展无公害农业、特色农业。重点围绕提高食物生产质量、食品营养和食品安全，控制常规化肥、农药的用量，推广生物良种、生物肥料、无残毒农药的使用面和技术应用；按照绿色食品质量认证体系的要求，建设绿色食品生产基地，开展无公害农产品、绿色食品、有机食品和山野菜的生产和系列加工，努力打造地方特色品牌。

（4）要全面推进生态农业产业化经营。要围绕建设生态农业的目标，制定相关政策吸引企业和农民投身于生态农业的产业化开发，把发展农产品精深加工同开辟农民就业新渠道、实现农产品价值和增值结合起来，鼓励采取"公司＋农户"、"龙头企业＋基地建设"和"订单农业"等多种经营方式，发展生态农业。支持农产品加工企业、销售企业、科研单位等进入生态农业建设和无公害食品加工销售领域，与生态农业建设基地和农户形成利益共享、风险共担的关系。

依靠生态农产品的物流，带动起人流、资金流、信息流，实现工农两业相互渗透和相互推动，促进区域经济和小城镇建设快速发展，走出一条生态农业产业化和城乡工业化、城镇化建设同步推进，兴业富民同时启动的农业现代化发展路子。采取财政、税收、信贷等方面的优惠政策，扶持一批龙头企业加快发展。大力推进无公害农产品生产，使生态农业的生态环境优势转化为现实的经济优势。

2. 继续推进郊野公园建设 郊野公园建设连续 5 年列入市委市政府为民办实事和折子工程，按照"一环、六区、百园"的布局要求，坚持"以人为本、生态优先、三效并举"的发展理念，以"公园环京城、绿色促发展"为总体目标，突出"绿地为体、公园为形、自然为魂、市民为本"，积极构建"整体成环、分段成片"的"链状集群式"结构。截至 2011 年年底，共新建郊野公园 52 个，加上 2006 年前已有的 29 个，目前第一道绿化隔离地区"公园环"共有公园 81 个，面积 81 103 亩，基本形成"郊野公园环"。一方面，已建成的郊野公园每天吸收二氧化碳 5 053 吨，释放氧气 3 368 吨，发挥出显著的固碳释氧功能，有力地缓解了城市热岛效应。瞬时接待游人数量 92.6 万人，年接待游人约 2 230 万人次，极大地丰富了市民休闲游憩的环境。另一方面，显著改善绿隔地区的整体环境，以环境的改善来带动土地利用价值提升和相关产业发展。同时，郊野公园的管护还解决了当地 2 万多农村劳动力的就业问题。

3. 继续推进生态林工程 近年来，北京市以承办百年奥运和庆祝建国 60 周年为契机，大力推进城市生态体系建设，生态环境显著改善，景观水平明显提高，初步形成城市绿色景观、平原绿色网络和山区绿色屏障三大生态体系，市域面貌呈现城市青山环抱、市区绿地环绕、农村绿海田园的生态景观格局。

"十一五"以来，在城市中心区，累计完成绿化面积 5 000 多公顷，基本建成了以城市公园、郊野公园、公共绿地、道路水系绿化带以及单位和居住区绿地为主，点、线、面、带、环相结合的城市绿地系统，形成了乔灌结合、花草并举、三季有花、四季常青的城市绿景；在平原地区，以水系林网、道路林网和农田林网为绿化重点，实现绿化面积近 26 000 公顷，形成了以绿色生态走廊为骨架，景观片林和生态片林为点缀，纵横交错、色彩浓厚的平原绿网；在山区，荒山造林、封山育林、中幼林抚育多措并举，新增造林面积 5 万公顷，完成废弃矿山生态恢复 0.24 万公顷，山区森林覆盖率达到 52%，形成了林木葱翠、绿绕京城的山区绿屏。截至 2011 年，全市森林覆盖率由"十五"末的 35% 提高到 37.6%，林木绿化率由 50.5% 达到 54.0%，城镇人均公园绿地由 12.0 米² 增加到 15.3 米²。

"十二五"时期，北京市生态建设的重点将由侧重数量扩张向数量增长与品质提升并重转变。2012 年是近年来造林绿化力度最大的一年，北京将围绕继续健全完善"城市绿色景观、平原绿色网络、山区绿色屏障"的目标，在空间布局上，由关注两头向覆盖城乡转变，强化城市周边绿色空间建设，从根本上扭转关注两头、中间偏弱的局面，在继续开展山区造林营林和城市公园绿地建设的同时，加大平原地区绿化造林力度，以形成绿色覆盖城乡之势；在建设规模上，进一步突出"大尺度"森林建设概念，大幅增加城市周边连片成网的林带，全年绿化造林规模达到往年的 2 倍；在功能设计上，进一步突出树种选择和景观配置，切实增强改善环境的作用，有效提高城市品质，增加市民绿色休憩空间，提升北京宜居环境和居民幸福指数。计划实施人工造林 40 万亩、封山育林 76 万亩，在中心城、新城地区新增大尺度城市森林绿地 4 万亩以上。

（1）建设大尺度城市森林，让绿色覆盖城乡——平原地区造林工程。2012 年，按照"两环、三带、九楔、多廊"空间布局的要求，在平原地区实施 25 万亩造林工程。工程以第二道绿化隔离地区为主体，以大兴、通州、顺义、昌平、房山 5 个区为重点，涉及东城、西城外的 14 个区县。工程的实施，将进一步弥补中心城、新城周边绿量的不足，更好地优化城市空间格局，改善生态环境水平。工程实施后，永定河荒滩荒地得到治理，绿带格局基本形成；航空走廊和机场周边以绿为底的空中景观初步显现；北京平原地区森林覆盖率将提高 2.6 个百分点，全市森林覆盖率提高 1 个百分点。

（2）绿化宜林荒山，减少水土流失——山区生态体系建设。2012 年，在重点推进平原地区绿化造林工程的同时，将继续扩大山区生态建设成果，实施山区造林 17.6 万亩、封山育林 76 万亩。一是京津风沙源治理工程。2013 年是一期规划的收官之年，也是二期规划的启动之年。总体任务量较大，预计可实施荒山造林 12.5 万亩、封山育林 70 万亩，一期规划任务可基本完成。二是太行山绿化工程。2013 年计划实施营造林 9.13 万亩，其中人工造林 3.13 万亩，封山育林 6 万亩。三是巩固退耕还林成果专项工程。计划实施退耕还林地补植补造 2.1 万亩。

（3）推动林水融合，让森林走进城市——城市生态体系建设。2012 年，在中心城新城地区增加城市森林绿地 4 万亩以上。一是新城滨河森林公园建设。全市 11 处滨河森林公园总面积约 10.7 万亩，目前通州、大兴、延庆 3 处新城滨河森林公园已建成，并免费对外开放，密云、昌平公园核心段也已建成并免费开放。2012 年年底，11 处新城滨河森林公园全部建成。初步测算，11 座新城滨河森林公园建成后，新城绿化覆盖率将提高 5 个百分点，绿地中城市森林比重从目前的 35% 提高到 50%。二是郊野公园。加快推动南大荒休闲森林公园、南海子郊野公园等大尺度城市森林绿地建设，新增绿化造林面积近万亩。三是中心城绿化。试点启动中心城河湖水系沿岸滨水林带建设，继续利用代征绿地建设城市休闲森林公园，千方百计增加中心城绿化面积。

（4）继续京津风沙源治理等重点工程。2013 年，完成 35 万亩造林任务，年内新增 10 处万亩以上城市森林。推进三大水系综合治理，整治 280 千米中小河道，再建设 34 条生态清洁小流域，实施水毁河道修复和小水库除险消隐工程。加强农田水利建设，新增改善节水灌溉 10 万亩，建设 200 处农村雨水收集利用设施。积极开展村庄环境建设，创建 5 个环境优美乡镇、100 个生态文明村。做好山区搬迁工作，年内启动 1.4 万农民搬迁工作。继续做好村镇生活污水治理、垃圾处理、农业面源污染和畜禽养殖污染防治等工作，逐步取消农村特别是城乡结合部地区燃煤散烧方式，努力减少环境污染。

4. 继续建设农村湿地公园 湿地是重要的饮用水源地。据统计，北京的河流、水库和池塘解决了约 1 453 万人的饮水问题，养育了全市五成植物和七成野生动物。另外，湿地在北京的食物、药材供给，水资源调蓄，地下水补充，气候调节，水体净化和保护生物多样性等方面，都发挥着重要作用。

北京市现有湿地 5.14 万公顷，面积相当于 177 个颐和园，主要分布在潮白河、永定河、北运河、大清河和蓟运河 5 大水系。湿地类型以河流、湖泊、水库、人工水渠和稻田为主。围绕湿地保护，北京已建立了翠湖、野鸭湖两处国家湿地公园以及汉石桥湿地保护区、拒马河水生动物保护区、野鸭湖保护区、怀沙怀九河水生野生动物保护区 4 个市级湿地自然保护区和密云水库一处国家重要湿地。继野鸭湖保护区、汉石桥湿地保护区等之后，北京将再添 10 座湿地公园供市民游憩。房山长沟、怀柔琉璃庙等 10 座湿地公园将在未来 3 年内建成，京郊大地将重现莺飞鱼跃的生态景观。

"十二五"以来，北京将建设 10 座市级湿地公园和 10 个湿地保护小区，使部分退化湿地得到恢复。10 座湿地公园分别位于怀柔琉璃庙、房山长沟、平谷小龙河、密云穆家峪、房山琉璃河、门头沟雁翅、大兴三海子、平谷王辛庄、大兴长子营以及顺义区的潮河减河交汇处。其中，怀柔琉璃庙、房山长沟、平谷小龙河湿地公园已经开建，其他 7 座正在进行建设规划和相关手续的审批。历史上，这 10 座湿地公园都是水资源特别丰富的地区，随着气候变化和城市的开发建设，很多水面逐渐消失。通过建设湿地公园，部分坑塘、河流将得到恢复，同时还会栽种大量的水生植物净化水体，营造生境岛吸引野生动物栖息。另外，也会因地制宜地建设一些游憩设施。除湿地公园外，北京还将再建 10 个湿地保护小区。和湿地保护区相比，湿地保护小区面积较小，但同样具备生态保护价值。10 个湿地保护小区将在延庆曹官营水库、密云清水河、房山拒马河、昌平南口等地建设。不同于湿地公园，湿地保护小区以生态保护为目的，建成后实行封育管理，不会对游人开放。

湿地公园实行分区管理，最核心区域，即湿地保育区只用于生态保护和科研，不对游人开放。所有的游憩活动都将在外围的生态功能展示体验区和管理服务区展开，禁采地下水营造景观，避免对湿地生态环境产生破坏。

5. 继续加强小流域治理工程　所谓生态清洁小流域是指流域内水土资源得到有效保护、合理配置和高效利用，沟道基本保持自然生态状态，行洪安全，人类活动对自然的扰动在生态系统承载能力之内，生态系统良性循环，人与自然和谐，人口、资源、环境协调发展的小流域。北京山区的生态清洁小流域建设工程，是一项民生工程，既解决了水源保护的问题，又解决了山区居民最关心、最迫切、最直接的生产和生活问题，而且关系到北京山区经济社会发展和生态环境保护等问题。所以，北京市要继续搞好生态清洁小流域治理工程，并且有所创新和发展。

北京市山区有 576 条小流域。首都城市用水的 50% 来源于山区，担负着城市供水任务的密云、怀柔、官厅三大水库都位于山区。山区的自然生态系统承担着涵养水源的重要任务，截至 2012 年年底，已建成生态清洁小流域 219 条，各项水土保持措施年可涵蓄水量 3 220 万米^2，可减少土壤流失 118 吨。密云水库水质保持在国家Ⅱ类水质标准，生态清洁小流域建设源头护水发挥了重要作用。2013 年，北京市继续对 34 条小流域进行综合治理。这些小流域主要分布在密云、怀柔、延庆、门头沟等 7 个区县，包括 33 个乡镇、52 个村庄，以解决普遍存在着的水土流失严重、点面源污染、流域内村庄基础设施条件较差等问题。

6. 发展生态工业和第三产业　生态工业（ecological industry）是依据生态经济学原理，以节约资源、清洁生产和废弃物多层次循环利用等为特征，以现代科学技术为依托，运用生态规律、经济规律和系统工程的方法经营和管理的一种综合工业发展模式。①从宏观上使工业经济系统和生态系统耦合，协调工业的生态、经济和技术关系，促进工业生态经济系统的人流、物质流、能量流、信息流和价值流的合理运转和系统的稳定、有序、协调发展，建立宏观的工业生态系统的动态平衡。②在微观上做到工业生态资源的多层次物质循环和综合利用，提高工业生态经济子系统的能量转换和物质循环效率，建立微观的工业生态经济平衡。从而实现工业的经济效益、社会效益和生态效益的同步提高，走可持续发展的工业发展道路。生态工业园是以生态工业理论为指导，着力于园区内生态链和生态网的建设，最大限度地提高资源利用率，从工业源头上将污染物排放量减至最低，实现区域清洁生产。

生态第三产业，就是要推行适度消费，厉行勤俭节约，反对过度消费和超前消费。变生存消费观（物质、精神消费）为发展消费观（物质、精神、生态消费），建立生态优先的消费对象，消费方式、消费观念，如生态住宅。所谓生态住宅，就是符合生态要求，不污染环境，不危害人体健康的住宅。它是生态学与建筑学相结合的产物。这种住宅一般具有以下特点：一是原材料尽量使用天然材料；二是尽量使用天然能源与再生能源；三是采用节能技术和防治污染措施；四是宅址选择远离污染。同时也要注意节约能源，保护环境。只有通过生态第三产业，才能形成从生产到消费的循环经济。才能推动消费结构升级，从而引导产业结构做出相应的优化，实现自然和社会的生态平衡。

（三）统筹城乡发展，建设生态新城

增加农村地区的生态服务供给，必须建设好北京农村的生态城镇体系，一定要抑制传统工业和房地产业在农村的过度扩张，建设园林式、田园式的农村新城体系，大力发展生态小城镇、生态村。工业不能挤占农业，城市不能蚕食农村，一定要强化生态经济理念，提高全民生态文明素质。

1. 抑制传统工业和房地产业在农村的过度扩张 按照城乡统筹协调发展和区县功能定位的要求，一方面要加快北京新城的建设速度，另一方面要积极的保护生态环境和实现生态平衡。所以，严格控制新城规模，实现由数量型扩张到质量型提升转变，在农村新城建设和发展过程中一定要尽快抑制摊大饼式的城市和工业扩张，抑制传统工业和建筑业的过度扩张，反对"人造城市"的"圈地运动"，反对盲目拉大城市骨架和规模现象，走生态型、循环型、集约型的可持续发展道路。

环境优美是新城之"新"的重要体现。创造亲和宜人的环境，既是对新城规划和设计的基本要求，也是吸引中心城区过密人口、吸纳产业在新城聚集的现实需要。高屋建瓴，灵活多样是新城空间规划的基本要求。新城不同于传统城市，它是在地区城市化加速发展的前提下，在短期内迅速建设起来的，是所在大都市多中心空间发展模式的一部分。一个成功的新城空间规划，一是要满足城市快速增长的现实需求，更要高屋建瓴，留足余地，保证今后的可持续发

展；二是要避免新城开发建设对周边地区土地利用秩序和农业生产环境的影响，兼顾周边地区的发展定位；三是要根据新城不同的功能定位，环境特点，规划和设计各具特色的城市空间和风貌，农村新城建设绝对不可以模仿和复制核心城区模式。

建设和发展工业开发区，必须走新型工业化道路，着力推进清洁生产和生态工业园区建设。一方面，我们必须在所有的企业，包括私人个体企业、乡镇企业推进清洁生产，鼓励企业采用新原料、新工艺，通过工艺改造、设备更新、淘汰关闭浪费资源、污染环境的落后工艺设备，实现"节能、降耗、减污、增效"。尤其是在化工、建材、采掘等行业；另一方面，我们必须按照世界一流标准，积极发展和建设生态工业园区，杜绝各种非生态园区的盲目产生。

2. 建设园林式和离散结构的农村城镇体系 农村的发展，再也不能走城区产业和高楼林立的传统方式，应该走产业和城镇相对疏松、一、二、三产业合理布局、均衡立体发展的模式，应该建设园林式的循环节约型、生态立体型的农村经济，严格贯彻落实《中华人民共和国土地管理法》，积极保护土地资源，包括林业资源、水资源、耕地资源十分重要。一是要保护好现有的耕地、林地和水资源等；二是要继续拓展退耕还林、植树造林、绿化美化等工程；三是要节约使用每一寸土地、每一滴水、每一片绿地。

农村都市化，不是消灭农村，而是要调整、优化、美化农村。建设社会主义新农村，不是要消灭农民，而是要提高农民的素质和生活水平；不是要拆建农村，而是要美化农村。保护农村，并不是不要拆建农村，而是要在原有的基础上整理和改造农村，不仅要发展新城区，并且要建设新城区。在村镇规划和建设上，要根据当地客观条件，科学编制规划；在新农村建设模式上，力求以人为本，突出与自然和谐，格调新颖，形式多样；在新农村建设部署上，必须坚持科学规划、分类指导，实行因地制宜、因乡制宜、因村制宜，有步骤、有计划、有重点地逐步推进。要注重立足乡村特点，突出地方特色，尊重各地的传统、习惯和风格，不能把鲜明的民族特色改没了，不能把突出的地域特征搞没了，不能把优秀的文化传统弄没了，不能把秀美的山川破坏了。事实证明，首都农村的各个区县、各个乡镇、各个村庄都有其比较优势，如生态优势、地域优势、文化传统优势等。例如，处在水资源保护区的新农村建设，就必须以自然村落和风格去建设，具有旅游资源优势的就必须发展具有民俗特点的新农村，具备生态优势资源的就必须建设具有田园风格的新农村。

城市农村化是指由于城市中心区地租昂贵、人口稠密、交通拥挤、环境恶劣，因而形成巨大的推动力，促使城市中心区人口、产业外迁，形成相对中心区而言的城市离心化现象。农村城市化是指城市中心城区以外的农村、乡村区域的城市化过程。具体是指以小城镇为依托，实现农村人口的工作领域由第一产业向第二、第三产业变化的职业转换过程和居住地由农村区域向城镇区域迁移的空间聚集过程。

城市农村化更迫切于农村城市化。功能核心区，更需要注入更多的生态资源，更需要更多的生态产品。城市农村更多地应该保留更多的生态资源和生态产品。因此，也更需要建设离散式结构的城市体系，而不是功能核心区"摊大饼"式的向外蔓延。

3. 不断改善农村生态环境和人居环境 生态环境指标包括环境保护、生态建设和生态环境改善潜力等方面。环境保护方面包括大气、水、噪声环境质量，工业废水、废气、固体废弃物排放达标率，废水、废气、固体废弃物处理率，废水、废气、固体废弃物减排率，工业废物综合利用率和危险废物安全处置率等。生态建设方面包括清洁能源所占比例、人均公共绿地面积、园区绿地覆盖率和地下水超采率等。生态环境改善潜力用环保投资占 GDP 的比重来表示。

改善生态环境必须走可持续发展道路，决不能寄希望于搞运动式的短期行为，决不能搞面子工程和形象工程，应该扎扎实实地从制度层面、工作机制等方面完善生态环境的保护和建设机制。要不断提升城镇和村庄环境建设档次。

（1）要不断改善群众的居住环境。按照适度超前的原则进一步完善区域供水、供气、供热、供电、污水处理等环境基础设施。继续推动居住小区环境建设，以小区绿化美化、人行步道、环卫设施、非法小广告、广告宣传牌设立、一层（顶层）住户私搭乱建、车辆停放等为主要内容，推广人性化管理理念，促进居民小区环境管理的规范化。要大力整治城中村、老旧居住区和胡同街巷，坚决拆除违章建筑。要加强垃圾处理，抓住垃圾的产生、收集、运输、回收、处理 5 个环节，构建减量化、无害化、资源化的垃圾处理体系。

（2）要不断改善城乡公共空间环境。以主要街道、广场、机场周边、新国展周边和主要公园为重点，着力构建整洁、美观、文明的城市市容。对主要大街，加大卫生保洁力度，及时清掏清运垃圾，强化日常监督检查。严厉查处公共场所乱倒生活垃圾，严厉整治乱堆乱放，彻底清理街道两侧、道路两侧、村庄周边、居民小区内的各种堆放物，清理流动商贩，治理非法小广告，规范工地管理，解决道路遗洒，制止随地吐痰、乱涂乱画等行为，严厉查处、取缔在主要街道、景区占道经营、违法经营行为、露天烧烤等行为。按照"整齐美观、健康文明、和谐统一"的要求，进一步加强全区户外广告牌匾规范管理，持续开展"净空行动"，推动城区架空线入地。

（3）要进一步完善出行环境。坚持道路环境建设与道路工程建设同步规划、同步设计、同步整治、同步建设的做法，按照一步到位的要求，对道路两侧绿化美化和景观建设进行高标准设计，实现"完成一条道路建设改造，出现一道环境亮丽景观"建设目标。按照绿色文明生态走廊的标准，加强道路清扫保洁，检查维护道路设施，清理整修马路边沟、清除杂草、粉刷树木，维护完善绿化美化景观建设，全面巩固提高 21 条区级、51 条镇级道路整治建设成果，促进区域所有道路环境水平的提升。

（4）要进一步完善休闲旅游环境。积极利用城中村、边角地、违章建设拆除形成的土地空间，建设城市休闲广场、健身广场、城市公园和郊野公园，完善市民休闲场所的设施，加强市民休闲场所的环境管理与服务。

4. 努力完善生态立法和严格执法　生态经济就是循环经济，发展循环经济是资源开发与环境保护协调发展的必由之路，是保障生态环境必然选择。北京市应该在积极贯彻落实在我国《环境保护法》同时，制定相应的《促进经济生态化发展法》、《资源综合利用再生利用法》等，加快建立具体资源再生行业法规，技术规章等。循环经济的发展必须以循环经济的法律、法规和政策来推动。促进循环经济发展的政策应首先体现在综合经济部门制定的产业政策、财税政策、投资政策、环保政策、产品回收政策等方面。

生态经济就是绿色经济，发展可持续发展的绿色低碳经济是北京资源开发和生态环境保护的必然选择。绿色 GNP 由世界银行在 20 世纪 80 年代提出，它较全面地体现了环境与经济综合核算的框架，已逐步成为衡量现代发展进程、替代传统宏观经济核算指标的首选指标。目前，一些国家已采用了新的绿色国民经济核算方法，在计算国民生产总值时，要扣除资源的消耗和环境污染破坏的损失。采用绿色 GNP 代替传统 GNP 核算包括建立企业绿色会计制度、政府和企业绿色审计制度、绿色国民经济核算体系等。

建议在北京农村引入绿色 GDP 评价指标，以期较为全面地反映其经济增长与生态环境保护的关系。北京市作为全国经济文化发达的首善之区，应率先在全国尝试使用绿色 GDP 这一指标，对资源耗减成本和环境损失代价给出较为准确的估价，以示对经济增长质量的重视。其中，又应首先在生态涵养区引入绿色 GDP 的评价指标，以利于引导涵养区走内涵式、集约型发展道路，克服粗放型、单纯外延式的发展倾向，促进生态环境保护和产业协调发展，实现涵养区经济的科学发展。根据我们的研究，在生态涵养区引入绿色 GDP 面临的主要技术难题包括环境损失代价计量、数据不连续以及农村地区监测薄弱等三个方面。建议统计部门、环保部门以及相关科研部门等加强协作研究，以期尽快制订出合理的绿色 GDP 核算体系，核算出涵养区的绿色 GDP。

建立"生态—环保—绿色—低碳"经济，必须有绿色保障制度体系。①绿色制度体系，包括绿色资源制度、绿色产权制度、绿色市场制度、绿色产业制度、绿色技术制度；②绿色规范制度，包括绿色生产制度、绿色消费制度、绿色贸易制度、绿色包装制度、绿色回收制度等；③绿色激励制度，包括绿色财政制度、绿色金融制度、绿色税收制度、绿色投资制度等。以上制度的建立和有效运转都需要立法来规范和保障，例如税费法制化原则。可采取的措施包括：①行政手段，如排污许可证、资源配额；②税收手段，如污染税、原料税、资源税、产品税等，特别是应加快出台再利用和再生利用废弃物的企业实施税收减免的具体政策；③收费制度，如排污费、使用者费、环境补偿费等；④财政制度，如治理污染的财政补贴、低息长期贷款、生态环境基金、绿色基金等；⑤加大资金投入，继续提高政府对环保的投入比例，发挥其引导作用。

5. 不断推进农村地区基础设施建设　相对于北京城市核心区、拓展区，北京城市发展新区和生态涵养区，即北京农村生态环境基础较差，增加农村基础设施的投入，例如垃圾填埋、污水处理、水环境保护、生态林建设等。

（1）维护水资源和水环境的安全。维护并强化区域水系格局的连续性和完整性，保护或恢复河流、湿地、坑塘和自然灌溉系统；构建由河道、湖泊、水库、滞水湿地等构成的多层次湿地系统，保护浅山区和山前洪积扇地带的地下水补给区以及密云水库、怀柔水库、京密引水渠、南水北调中线等重要的地表水源地、地下水源地和水利工程用地。

（2）不断完善生态基础设施体系。保育山区森林、大型湿地等生态源地，维护平原小型林地、农田和湿地等生态斑块，建立水系、林带、文化遗产线路、郊野公园等生态廊道、文化遗产廊道和游憩廊道，积极推进以生态源地、斑块、廊道等构成的生态基础设施建设工程，构建城乡融合的生态基础设施网络。

（3）探索整体局部区别化的山区模式。①坚持生态优先、整体保育与局部适度开发相结合，力争做到规划期内建设用地总量平衡、结构优化；强化山区的生态保育和水源涵养功能，精心利用自然和人文景观资源，把山区建设成为良好的首都生态屏障。②本着生态优先、适度开发、富民养山、区域统筹的土地利用原则，加强恢复矿山环境综合治理，改善农民生活条件，努力建设生态山区、和谐山区。③因地制宜发展农、林、牧、果业等，通过产业布局调整促进山区农民致富和农村发展。建立各类自然保护区，保护山区脆弱生态系统，适度发展生态旅游业，提高山区土地利用的社会经济效益。④提倡以人为本、生态优先、整体最优、适度分配、持续协调、动态发展，结合浅山区和深山区的自然经济特点，调整和优化土地利用结构，形成分级配置、分类引导、各有侧重的土地利用模式。

（4）在加强基础设施建设的同时，一定要加强管护、经营和完善长效工作机制。坚决杜绝"面子工程、形象工程、遮丑工程、长官工程",坚决克服"重视投资,轻视管理,不善经营"现象,切实加强农村公共设施的管理和维护工作。在这方面,可以借鉴我国台湾地区经营民营化原则。环境保护工作除由政府办理外,有些可由民间企业经营,一则减轻政府的负荷,从而专注于重要政务,再则可增进民间企业成长,落实环境保护与经济发展兼筹并顾的政策理念。投入固然重要,管理同样重要,立法和构建长效机制更重要。

6. 进一步强化生态理念、绿色理念教育 生态理念是发展生态文明的道德基础和精神动力,只有强化生态理念教育,大力培育全民的生态文明观,才能为生态文明的建设奠定坚实的基础。所以,各区县各部门员工应饭重视强化生态理念教育。

(1) 重视生态文化的教育。要运用一切可以宣传教育的资源和阵地,烘托生态文明这一主题,广泛宣传科学发展观、生态文明观,切实把党和国家建设资源节约型、环境友好型社会的要求落实到每个单位、每个家庭,使生态文明建设的理念潜移默化,提高人们的生态道德修养,引导公民个体正确认识人与自然的关系,培养善待、尊重、敬畏生态的价值取向,激励对个体、自然和社会的责任感,从而树立起新的系统观、价值观、经济观、消费观、科技观,营造培育全民生态道德意识,使全体公民在充分认识自然的存在价值和生存权利的基础上,增强对自然的责任感和义务感,从而做到热爱自然、善待自然。要大力倡导节能环保、爱护生态、崇尚自然,倡导适度消费、绿色消费,形成节约环保光荣、浪费污染可耻的社会风尚,营造有利于生态文明建设的社会氛围。

(2) 开展生态教育的各项活动。要积极开展诸如生态园区的建设活动、以生态文化为核心组织风景园林职业教育和专业培训,宣讲绿地系统规划的基本任务、规划原则及城市绿地系统的生态结构功能。帮助人们理解自然、理解人与自然的相互关系,尊重自然过程;理解景观规划的社会环境,尊重人类文化,提高景观规划的认同感。通过生态环境教育,使公众"自然地"关心环境,把地球当成人类的家园。

(3) 利用风景园林系统优势,开展全民生态教育。健全风景园林绿地的生态结构和功能,加设各种生态说明牌、标牌、警示牌,播放生态科教广播及影像、举办生态展览、报告会、咨询会,通过实物和宣传工具,介绍生态形势、普及生态知识、宣传生态文化、培植人与自然和谐相处、协调发展的生态意识;设计并带动公众参与各种实践性和体验性的教育活动,提升教育效果。通过有专业人员辅导的参观、生态旅游、种植实践、绿化设计及家庭养花实习等活动,帮助人们丰富自然体验、建立热爱自然和关怀生态的态度、学习改善生态环境的基本技能;在有条件的地方组建生态教育中心、生态博物馆、儿童园艺活动中心、爱好者俱乐部，配置生态宣传车，开展各种综合性教育活动。发挥专业优势参与社会生态科普工作。承担各种绿色学校、绿色社区、绿色医院、绿色企业、绿色机关、绿色商店建设活动的专业指导；配合广播、电视、报刊、互联网等媒体，组办生态教育专栏及网站，开办绿色论坛和绿色咨询服务等，广泛开展国民生态教育。

（4）创建和巩固生态教育基地。要不断总结生态教育先进的经验和规律，加以推广。要注重问题研究和课题引领，开展有深度和有力度的生态教育。有条件的地方要形成相对规范的生态教育教材，开展各种形式的培训教育。要创建和巩固一批生态教育基地，来带动更大范围内的生态教育工作。

第二章
北京农村生态环境保护研究

【摘要】生态环境是人类生存和发展的基本条件，是经济社会发展的基础。"十一五"以来，北京农村生态环境大为改观，但生态环境依然脆弱，仍然需要在制度建设、法治环境、政策策略、产业结构诸方面有重大改进，积极发展生态产业、推进生态工程、治理生态环境，建立生态环境保护和建设的长效机制。加强北京农村生态环境保护和建设，必须完善生态环境保护的制度环境和政策法律，必须高度重视北京的环境保护和生态平衡，积极发展有利于环境保护和生态建设的绿色产业，着力建设好农村生态型新城，大力建设园林式、网络化农村小城镇与新型农村社区，进一步强化科学发展理念，建设低碳、绿色北京等理念。

【关键词】发展建议　发展问题　生态环境保护　北京农村

生态环境建设指的是人们利用生态系统理论、系统工程理论、可持续发展理论、水土保持与荒漠化防治等基础理论以及生物、物理、化学和管理学科的理论与技术，结合农业、林业、牧业、水利生产，通过生物措施、工程措施、农业措施对生态环境进行的保护、治理、恢复与重建等工作。

一、北京农村地区生态环境保护现状

北京位于华北平原北端，西部是太行山余脉的西山山脉，北部是燕山山脉，山区占北京面积的62%，山区平均海拔1 000～1 500米，最高的东灵山海拔为2 303米。高山阻隔了沙漠向北京的侵袭，为北京带来丰富的水源、矿产和动植物资源，增加了北京的生态类型。北京平原地区海拔在20～60米，是华北平原的组成部分。平原地区土层深厚，适宜各种植物和农作物的生长，适合于各种建筑。北京背靠群山，东临海洋，既有丰富的建筑材料和矿产，又有适宜农耕的土地，有丰富的水源和大面积的森林，对外交往也很便利。北京周边的地区人口密集，部分地区经济发达，有利于物品的供应和开展经济协作，是华北地区适宜居住和发展的区域之一。

　　北京为典型的暖温带半湿润大陆性季风气候，夏季炎热多雨，冬季寒冷干燥，春、秋短促，年平均气温 10～12℃，全年无霜期 180～200 天，年平均降水量 600 多毫米，是华北地区降水最多的地区之一，但降水季节分配很不均匀，全年降水的 80% 集中在夏季 6、7、8 三个月，冬、春季多干旱、多风，夏季常有暴雨。由于北京处于季风条件下，冬季温度低于世界上同纬度的大多数地区，夏季温度则高于大多数地区。从降水看，北京雨热同季的降水条件有利于农作物生长，但由于春冬季降水较少，总体处于半干旱状态，山区植被恢复比较困难。北京山区森林被破坏后，常常需要更大的投入，更长的时间才能恢复。综合评价气候条件，北京是适宜于人类居住和农作物生长的区域，但与我国东部沿海多数地区相比，因降水偏少，其植被条件较差。因受季风影响，与世界同纬度地区相比，冬夏温差大，也有生态环境条件不利的一面。

　　北京历史悠久，600 多年来一直是我国的都城，又是人口众多的特大型城市。北京农村与城市的关系非常密切，城市一直离不开农村的自然资源，元代北京城市中的用水就依靠工程将西郊的水引入城市，以后各朝宫内的用水，都市景观用水等主要来源于北京的西山，在相当长的时间内，北京城市的蔬菜和水果主要依靠农村生产来供应。北京农村除了要向城市提供农产品外，同时担负着保证城市清洁水源、清洁空气、垃圾处理以及向城市提供发展空间，向居民提供休闲区域等的责任。由于城市的不断扩大以及人们生产、生活方式的变化，城市发展越来越离不开农村的支撑。保障城市的需要与发展一直是北京农村农村最主要的任务。北京农村农村的生态环境建设既要考虑自身生产和生活的需求，但更重要的是保障北京城市发展的需求。北京农村在生态环境建设中需要处理好保障城市发展和新农村建设两个方面需求的矛盾。同时，北京农村农村生态环境建设中又有能够得到城市有力支持这一条件。长期以来，城市一直为北京农村提供市场、科技和经济上的支持，靠近北京这个大城市提高了农村的收入水平，便利了农村的交通，加快了农村基础设施的建设，也有利于农村深化分工，形成了加快发展的优越条件。

　　北京农村地区面积大、地形复杂，农村不同地区的生态环境功能也不同。根据中央批复的《北京城市总体规划（2004—2020 年）》，北京对农村区县进行了功能分区，根据与城市的距离、地形地貌、人文条件以及地理条件等的不同，将农村分为城市功能拓展区、城市发展新区及生态涵养发展区，各个功能区中生态环境保护的内容和内涵有明显的区别。

（一）城市功能拓展区

　　在北京城市的发展中，城市功能拓展区是城市核心功能拓展的区域，这一区域中的城区是中心城区的有机组成部分，城乡结合部及农村是未来城区的拓展部分，同时也会保留部分农村。在这一区域中，既要发展城市，接收城市发展中增加的人口和产业，又要避免市区无限制扩大带来的环境与生态问题，创造良好的小气候，保护较大面积的绿化美化区域，在提供发展空间的同时为城市居民创造较好的生态环境是这一区域的主要功能。体现这一区域生态环境功能的主体是绿化隔离带和郊野公园，同时也体现在这一区域的村庄环境中。

1. 建设绿化隔离带 在城市发展过程中，为防止城市中心地区与外围组团之间连成一片，控制城市的外延，避免城市的"摊大饼"式发展。北京在城市功能拓展区规划了绿化隔离带。

绿化隔离带是指围绕城市的绿色植被带，是国际上一些大城市为了控制城市的无序扩张，改善城市生态环境而建设的城市公共绿地系统。1938 年，伦敦首先完成了绿化隔离带的规划，1944 年完成建设的绿化隔离带宽 5 千米，1955 年又将该绿化隔离带扩展到 10 千米，这是世界上第一个大城市建设的绿化隔离带[*]。受此启发，以后欧洲许多大城市根据自身的自然环境条件与城市历史文化特点，规划与发展了各种类型的城市隔离地区。这一形式后来推广到全世界的各个超级特大型城市中。从国际上特大城市环城绿带的效果来看，环城绿带对控制城市格局、改善城市环境、提高城市居民生活质量具有显著作用。根据其结构，环城绿化隔离带可以分为环型绿带、楔型环城绿带、廊道环型绿带、环城卫星绿地、缓冲绿带、中心绿地 6 种类型[**]。

北京建立绿化隔离带的主要动因是，新中国成立以来，特别是改革开放以来，北京的中心城区发展速度很快，从改革开放初期的 200 多千米^2 到 21 世纪初的 700 千米^2 仅用了不到 20 年的时间，而且城区主要是沿环城路，以"摊大饼"式发展，这不仅加剧了城市热岛效应与城市大气环境的污染，还是城市交通拥挤、城镇体系不完善的主要原因。通过规划与建设绿化隔离带，可以在一定程度上减小城区面积不断扩大带来的各种问题，改善北京中心城区生态环境质量。

北京属于暖温带季风气候，地带性植被为落叶阔叶林。在北京城市的功能拓展区，除在西部有部分山地外，北部、东部与南部地势、土壤、气候条件差异不大，树林生长条件基本一致。根据北京气候与地理特征以及国际上大城市绿化隔离带结构的一般特点，北京绿化隔离带采用以植树为主体，包括水体、湿地、果园、苗圃以及部分农田。隔离带分隔了中心城区与城市农村，同时起

---

[*] Baker Associates . 1999. Strategic Sustainability Assessment of the Nottingham-Derby Green Belt in the East Midlands Region. Internet file.

[**] Kuhn M. 2002. Greenbelt and Green Heart：separating and integrating landscapes in European city regions. Landscape and Urban Planning（972）：1－9.

到改善生态、美化环境的作用。在国际上，草地也是绿化隔离带的一种类型，但在北京，一方面，草地种植、养护的成本较高；另一方面，其生态功能低于植树，故在北京仅有少量草地用于绿化隔离，未成为绿化隔离的主体。

城市功能拓展区中的绿化隔离带的另一个重要组成部分是农业生态观光园。为处理好生态建设与农民增收的关系，在绿化隔离地区通过规划发展以露地高科技农业为主的园区，通过花卉、果树，设施农业项目等，为市民采摘、休闲、会议、体育、观光等提供便利条件。生态园中绿地面积占到90%以上，园区多采用园林式设计，设有硬化路面、公共厕所等，有些观光园内还有湖泊、河流等。相关的设施方便市民的采摘、观光，也为市民提供休闲、娱乐的场所，在绿化的同时又能够为农民带来一定的收入，也起到了很好的绿化隔离作用，是都市型现代农业的重要组成部分之一。进入21世纪后，生态观光园等成为北京功能拓展区中农业的主要成分，大田农业已经从这一地区退出，养殖业也已经全部退出功能拓展区。

综合来看，建在功能拓展区的绿化隔离带起了如下作用：一是改善了城市景观，成为保护北京城区的生态屏障及北京城区与周边地区连接起来绿色廊道。二是改善了生态环境，在北京这个风沙较多的地区避免了土地沙化，减少了降尘，调节了小气候，净化了空气，同时，大量的绿地也增加了北京的生物多样性。三是为城市居民提供了就近的休闲娱乐场地，提高了城市生活的宜居性，在降低热岛效应方面也有明显的作用。

2. 建设郊野公园　郊野公园是绿化隔离区的组成部分之一，这一形式发端于20世纪70年代的英国英格兰和威尔士地区，郊野公园的建设是为了使市民在邻近市区的地方可以享受到郊野的康乐和教育设施，而无需深入广大的国家公园，同时，大片的绿地也有利于保护大自然的生物多样化。1968年，英国议会通过了一个新的乡村法案，被称为"1968乡村法案"（Countryside Act 1968）。该法案对郊野公园下了一个定义："一种能让游人享受郊游乐趣的公园。"同时，该法案授权由乡村委员会来建设郊野公园。这是世界上首次把郊野公园作为一种独特的城市形态纳入法律轨道。在这之后，郊野公园逐渐在欧洲和其他国家推广开来。

北京郊野公园的建设由《北京城市总体规划（2004—2020年）》提出，实际开始建设始于2007年。与一般的公园不同，郊野公园多远离中心市区而位于城郊。郊野公园的建设一般以原有的植被和景观为基础，引进新的花木品种，进行合理规划和布置，使郊野公园的景致更加具有层次感。和城区公园一样，郊野公园里健身和休闲设施也是一应俱全，一些占地比较大的公园，建起了普通公园所不具备的篮球场、足球场、网球场等。北京的郊野公园建设的时间不长，但速度很快，力度很大，到2010年，在北京的功能拓展区，规划和建设了 60 个郊野公园，全部对市民免费开放。实现了市民出行 500 米见公园绿地的目标（图 2-1）。

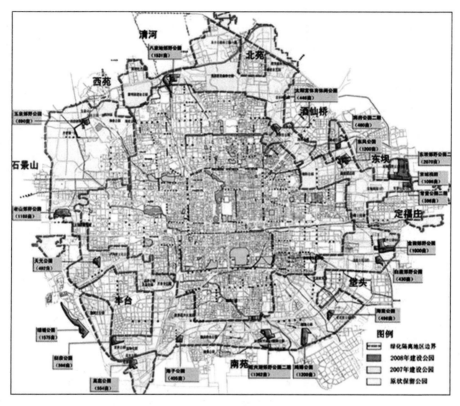

图 2-1　北京市近郊郊野公园

3. 整治城乡结合部的村庄环境　由于城市功能拓展区邻近市中心区，是城市扩展中人口和产业转移的首要地区。在城市发展过程中，这一地区往往会集聚较大数量的新增人口和产业，形成城乡结合部地区村庄外来人口较快增长的情况。由于人口的增长有时快于规划建设及基础设施等的增长，在城乡结合部的村庄中，常常出现私搭乱建，占道经营，违章建设等问题。由于基础设施的不足及管理有时跟不上人口的增长，环境脏、秩序乱、治安差在这一地区比较普遍。解决城乡结合部村庄的"脏、乱、差"等问题也是功能拓展区环境整治的重点。从各国、各地的经验来看，采用城市社区化管理，将可以转入城市的村庄纳入城市的建设范畴，同时加快新农村建设，通过制订新规划，使农民搬迁上楼，同时用好这一地区的发展条件，可以较好地解决这一地区村庄环境整治的问题，并形成新的发展条件。

（二）城市发展新区

北京市的城市发展新区包括通州、大兴、顺义和昌平、房山的平原部分。这个区域是北京发展制造业和都市型现代农业的主要载体，也是北京疏散城市中心区产业与人口的重要区域，是未来北京经济重心所在。北京的发展新区是城市外围的平原部分，这里面积较大、农业发达、交通便利、基础设施相对完善，在生态功能上，主要体现着平原农业区的特点。这一区域的生态环境建设，主要有以下项目：

1. 建设第二道绿化隔离带 第二道隔离带与第一道绿化隔离带相距 20 千米左右，除少部分在功能拓展区外，大部分在城市发展新区。根据规划，第二道绿化隔离地区是控制中心城向外蔓延的又一生态屏障，也是控制与防止城区与新城连接以及防止新城向外蔓延的生态屏障。规划由 2 个绿环、9 片楔形绿色限制区及 5 片组团间绿色限制区构成绿地系统。2 个绿环是指沿温榆河及永定河两岸绿色生态走廊和六环路绿化带；9 片楔形绿色限建区位于新城之间，沟通中心城与外围绿色空间的联系；5 片组团绿色限建区是沿着放射路在中心城与新城之间，起到防止建设连片的作用，并且沟通楔形绿色限建区之间的联系。

从规划可以看出，位于城市发展新区的绿化隔离带面积更大，其不但隔离了主城区与城市的外延，而且要隔离新城间，新城与中心城区间连成一片。在城市的发展中，提供着维护城市生态系统与格局的连续性，为野生动植物繁殖提供条件，保护生物多样化。同时还有畅通城市风道、降低热岛效应等作用。与第一道绿化隔离带相同的是，在第二道绿化隔离带中也建有郊野公园，这一区域的郊野公园与新城的距离较近，主要是为新城及远郊城市居民提供休闲、娱乐、体育的场所，同时，大面积的郊野公园能够起到更为明显的生态效用。

2. 沙化治理 京历史上是风沙问题较为严重的地区，在发展新区中，永定河及其沿岸、潮白河及其沿岸是风沙比较严重的两个地区，也是距离北京城区最近的风沙源。特别是 20 世纪 90 年代后，两条河流长期干涸，地下水位下降，加上历史上因永定河多次决口带来的河道摆动，形成了大面积的沙化土壤，使冬春季中这一地区的风沙问题日趋严重。为了治理风沙，长期以来，这里开展了植树造林以及农田林网化，大面积的林木种植有效地降低了风沙的危害。进入 21 世纪后，根据这一地区的条件，实施了生态经济园林景观型治沙模式，并进行了荒漠化土地的综合开发，调整了农业结构，利用科学技术不但防风治沙取得了更好的效果，而且增加了农民的收入，实现了可持续发展。

3. 防治农业面源污染 农业面源污染（ANPSP）是指在农业生产活动中，农田中的泥沙、营养盐、农药及其他污染物，在降水或灌溉过程中，通过农田地表径流、壤中流、农田排水和地下渗漏，进入水体而形成的面源污染。

北京的发展新区是北京农业生产的主产区。大面积果树、粮食等农作物的种植虽然有利于改善城市的生态条件，减小热岛效应，提高空气质量。但如果单纯追求农业产量，对农业生产的投入不加控制，也常有农药、化肥施用量较大带来的问题。同时，由于人口密集和畜牧业发达，这一地区的粪便污染也比较严重。通过发展生态农业，以有机肥替代单纯的化肥，以生物防治技术替代农药，同时开展粪污治理等，减少了农业生产对地下水及环境的污染，在为北京提供大量农产品的同时，提供良好的生态环境。北京还在部分裸露农田基本完成了"留茬免耕"作业，在一定程度上减少了农田风沙对城乡环境的危害。

4. 控制养殖业污染 北京的发展新区曾是养殖业最发达的区域之一，特别是工厂化养猪、养鸡在这一地区发展较快。养殖业的发展曾经解决了北京市对畜产品的急需，但在人口稠密的发展新区，大规模养殖业的发展也带来了较为严重的空气污染、废弃物污染和水污染等问题。为了解决这些问题，进入21世纪后，北京市采用了新方法发展养殖，对粪污进行治理以及限制在人口稠密的六环路内发展养殖，转移北京的部分养殖业等措施，较好地解决了在这一地区养殖业的污染问题。同时，又保留了部分养殖业，为农业的发展及农民增收创造了条件。根据荷兰等国家的经验，在种植面积较大的区域中，分散发展养殖业，让养殖业的粪便在农田中得到充分的利用，既保证了农业的需要，又降低了生产的成本，提高了农作物的质量。北京的发展新区有较好的条件，如果能够科学规划，实现较好的处理，养殖业可以在这一区域中长期发展。利用好畜禽有机肥，不仅可减轻畜禽粪便对环境的污染，也可提高土壤肥力，改善土壤结构，提高农产品的质量，是我国农业可持续发展的重要保证，通过粪肥的资源化也减轻了后期环境治理工程的投入。

5. 治理和修复河湖湿地 湿地作为地球上水陆相互作用形成的独特生态系统，是自然界最富有生物多样性的生态景观和人类最重要的生存环境之一，在蓄洪防旱、调节气候、控制土壤侵蚀、促淤造陆、降解污染物及维持区域生态平衡等方面具有极其重要的作用，被称为"地球之肾"、"生命的摇篮"和"物种基因库"。北京的功能拓展区和发展新区在历史上都曾有大面积的湿地，发展新区由于土地面积大、发展空间大，成为湿地修复最主要的区域之一。修复湿地的最主要措施是加强对湿地的保护，禁止开发活动，保护湿地的水源，强化对污染的治理，必要时引进外部的水源，利用中水恢复湿地，严禁一切对水源的污染，禁止一切捕捉生物的活动等。通过严格的保护措施，北京发展新区的湿地有所恢复，生物种群明显增加，当地及周边的环境得到改善，并吸引了大量的游人，这些湿地已经成为城市居民旅游、休憩的场所之一，有些成为郊野公园的组成部分。

北京山区共有547条小流域，原有水土流失面积6 640千米^2。2005年开始启动小流域治理，小流域综合治理工作坚持贯彻"以水源保护为中心，构筑'生态修复、生态治理、生态保护'三道防线，实施污水、垃圾、厕所、河道、环境五同步治理，采取 21 项措施，达到 9 条标准，建设生态清洁小流域"的治理思路。到 2009 年，累计建成 128 条生态清洁小流域，占全市小流域总数的 23%，总治理 1 592 千米²，开发整理土地近 1.9 万亩，新增耕地 7 867 亩；恢复矿山植被面积 3.75 万亩，减少了沙土流失的面积。2008 年，北京率先提出了发展沟峪经济的思路，主导思想是以山区自然沟域为单元，充分发掘沟域范围内的自然景观、历史文化遗迹和产业资源基础，打破行政区域界限，对山、水、林、田、路、村和产业发展进行整体科学规划，统一打造，集成生态涵养、旅游观光、民俗欣赏、高新技术、文化创意、科普教育等产业内容，建成绿色生态、产业融合、高端高效、特色鲜明的沟域产业经济带，以达到服务首都和致富农民目标的一种经济形态。并总结了北京市发展沟峪经济的 5 种模式，提出了重点开发的 7 条沟峪。

6. 整治村庄环境 由于位于邻近城市的平原地区农业发展的条件好，历史上这一地区村庄人口多，密度大，村庄密集。村庄环境状况对这一地区生态环境的影响也很突出。城市发展新区中除少数位于城乡结合部的村庄外，大部分村庄以本地人为主，这一地区的村庄虽然没有因大量外来人口进入带来的问题，但由于大部分村庄经济收入低，增加村庄环境整治的投入主要依靠外部。同时，人们的环境意识等也并不会因为经济收入的增长而自然提高，需要通过创造条件，加强宣传，建立制度，督促检查，形成习惯才能逐步好转。由于村庄数量多、面积大、人口多，整治好发展新区的村庄环境，实现村庄的绿化美化，保持村庄的整洁在发展新区生态环境建设上有重大意义。

2006 年开始新农村建设试点后，北京全面推进了道路硬化、安全饮水、污水处理、旱厕改造，垃圾处理 5 项技术类的折子工程。到 2010 年，各级政府累计投资 200 亿元，集中完善和提升了农村基础设施，实现了所有行政村全覆盖。北京农村实现了村内条件全部硬化，大部分农村安装了路灯，不少村内安装了健身设施，村里搞了绿化，美化，有的村中还建起了小花园。北京实现了全部农村通自来水，乡镇和重点村有了排水系统和污水处理系统。到 2010 年，北京近郊区及部分远郊区农村完成了厕所改造，大部分农民使用上了水冲厕所。旅游区和重点郊区公路边以及村镇内都建起了符合卫生要求的公共厕所*。

（三）生态涵养发展区

北京的生态涵养发展区包括门头沟区、怀柔区、平谷区、密云县、延庆县

---

* 北京："五项基础设施"建设工程将覆盖所有村庄，北京日报，2010 年 1 月 15 日。

5 个区县以及房山区、昌平的山区部分，区域面积 11 299.1 千米²，占全市总面积的 68.9%（其中山区面积占生态涵养发展区总面积的 89%）。生态涵养区是北京的主要水源地，是森林面积最大的区域，是北京发展的重要生态保障区，也是北京生物种类最多的区域。涵养水源，保护生态，提高环境质量是这一地区最主要的生态功能。生态涵养发展区的生态功能主要通过森林、流域等生态产品的生产和供给来完成，主要体现在：

1. 建设山区绿色屏障　北京盛行西北风，春季常常有较大的风沙，甚至是沙尘暴，进入北京的风沙和沙尘暴主要来源于内蒙古、河北等，个别发源于外蒙古，山区是北京行政区内最外围的一道屏障，这一绿色屏障的建设对防尘治沙、涵养水源、保持水土、改善首都生态环境有着重要作用。历史上北京农村林木繁茂，说明在北京的土质和气候条件下，植物有较好的生长环境，能够茂盛地生长。但从史料记载可以看到，从战国起历经 2 000 多年，由于建造宫殿、整修墓室、兴建庙宇及园林狩猎等活动破坏了北京的植物和动物资源，由于时间长、破坏严重，加上人口增长带来的木材、燃料需求和对林地的开垦等，已经使北京农村的森林失去了自我恢复的能力。20 世纪 50 年代后，通过启动实施太行山绿化、京津风沙源治理等系列绿化工程，营造防护林、水源涵养林、水土保持林和风景林。经过几十年人工造林、飞播造林、封山育林、村庄绿化等措施，使北京 90% 以上的山区得到绿化美化，增加了针叶、阔叶树种和彩叶乔灌木。截至目前，山区林木覆盖率达到 70%，形成了环抱京城的山区绿色生态屏障。生态效益和绿化景观效果显著。为解决生态效益与农民收益的矛盾，从 2004 年年底开始，北京市实施了山区生态林补偿机制，使山区农民从靠山吃山转向养山富民，全市共划定山区集体生态林 912 万亩、国家生态林 325.66 万亩，全面落实禁牧、禁猎、禁薪、禁垦、禁伐等措施，每年政府投入管护资金 2 亿元左右，安排 4 万多名经过培训的农民上岗护林，有效保护了北京的生态涵养林。目前，北京山区基本实现了绿化，目前正在实施改良树种结构、提高林木质量的工作，建成多林种、多树种、多层次、多功能的森林体系，使生态涵养区能够更好地发挥保持水土、涵养水源、生物固碳等作用。

2. 加强水源地保护　历史上北京的城市用水曾主要以地下水为主，随着城市的发展扩大和人口与生产增加，城市用水量激增，来自山区水库的水源逐步成为北京城市用水的主体，目前近 80% 的城市用水依靠山区水库提供。在这一条件下，水源地的保护成为生态涵养发展区最重要的功能之一。北京在水源保护地采取了一系列的严格措施，实行全部耕地退耕还林，在库区岸坡地、滩地实施退耕种植林木灌草，以涵养水源、净化水质。关闭了水源地全部有污染的企业，同时严格限制在库区开展旅游项目，加强对水源保护区的人工造林。按照保护水质的要求，实现树种结构改造，逐步形成乔灌草结合、多层次的林分结构。建立水源保护林监测体系，开展水源保护林效益评价。对水库内及流域内的养鱼、捕鱼实行限制，禁止网箱养鱼。在水源保护地取消用水量大的农作物种植，并实行节水灌溉。为进一步保护水源，21 世纪后开始在水库周边设立了水环境保护员，专职保护水库水质的清洁。在水源地对农村生活污水进行治理，水库上游禁止使用化肥农药，对病虫害实行生物防治。由于长年的有力措施，北京的密云、怀柔水库一直保持了可以饮用的二级水质，官厅水库水质也因有效治理提高了水质标准。

3. 强化自然保护区 自然保护区是国家为了保护自然环境和自然资源，促进国民经济的持续发展，将一定面积的陆地和水体划分出来，并经各级人民政府批准而进行特殊保护和管理的区域。北京市现有各级自然保护区 20 个、其中国家级 1 个、市级 13 个，县级 6 个，总面积约 13.91 万公顷，约占全市国土面积的 8.28％。北京市的自然保护区中，以森林生态类型最多，有 13 个，此外，还有地质遗迹、野生动物、内陆湿地、古生物遗迹等类型保护区。延庆县境内的自然保护区最多，共有 9 个，其中松山为国家级自然保护区，主要保护对象为温带森林和野生动植物。自然保护区的建设，既是北京举办奥运会时的承诺，又是保护生态环境的需要。在生态环境建设中，自然保护区因面积大、生物品种多、保护目的性强、生态环境好、综合作用明显而有着特殊的地位。突出表现在：一是保护了生物的多样性，在北京的自然保护区内保护着90％以上野生动植物的栖息地，80％的野生动物和 60％的野生植物；特别是在湿地方面，保护了 85％以上的湿地鸟类；二是改善了城区人居环境质量，为城市居民的旅游度假提供了优美的自然场所；三是保持水土、涵养水源、防止沙漠化，在维持生态安全以及开展科学研究、宣传教育、合理开发利用自然资源、生态旅游等方面都起了重要作用；四是对保护区周边社区经济的发展和人口素质提高；起到了重要的生态环境、经济、社会和文化发展的多方位作用。为加强自然保护区的工作，北京市政府规定，在自然保护区内禁止采伐树木，禁止狩猎、捕鸟、放牧，禁止开荒、开山采石、取土，禁止一切野外用火。在核心区和实验区内禁止旅游。在核心区内禁止采挖标本或种苗，禁止修建建筑物和设施。自然保护区周围，不准建立污染环境的工矿企业及设施。自然保护区成为北京生态环境最优美的区域之一。

4. 强化野生动植物保护 环境及野生动植物保护成为生态环境建设重要内容之一的主要原因，是由于人类活动的增强而对自然中的某些物体带来严重的危害，如果不加以主动的保护，则会形成严重的影响。如在进入 20 世纪后，大量化学物质的使用对自然界中生物的影响非常明显。历史和当代人类对森林的砍伐，对沼泽的利用，对草原的过度开垦等也带来诸多的生态灾难，部分区域因此从植被繁茂的区域转变为不毛之地，使原来适合于人类生产和生活的土地转变为不能生产和生活的土地。另外，人类对某些动植物的过量使用，也可能带来这些动植物的灭绝，如果没有刻意的保护，我国的不少物种早已消亡。没有野生动物保护法的出台，北京郊区的野鸭、天鹅等大型鸟类则很难北京地区生存。在生态环境中，首先要保护的是自然的生态系统本身，如森林系统、草地系统、湿地系统等，其次是这些生态环境中的重要环节，缺少了这些环节，则影响到生物系统的存在。例如，对树木的保护，往往涉及生物物种，水土保护以及对气候的影响等，对湿地系统的保护也在一定程度上维护了北京郊区生物的多样性。保护的内容除了禁用、禁猎、禁采、禁伐等，还有对外来物种的防护措施，改革开放后，外来物种大量进入北京，由于缺乏天敌，带来了不少生态问题，采用各种措施防范外来物种的侵入，也是对北京生态环境系统的保护。

北京三面环山，一面平原，总面积 16 410 千米^2，其中，山区占 61.4%，平原占 38.6%。北京地区有维管束植物 169 科 2 088 种。其中，属于国家二级重点保护野生植物有 3 种，市级保护植物 80 种（类）。陆生脊椎动物 89 科 460 余种。其中，国家重点保护野生动物 61 种，本市重点保护 222 种。全市共建立各级各类自然保护区 20 个，总面积 13.4 万公顷，其中，森林和野生动物类型 12 个、湿地类型 6 个，使本市 90% 以上国家和地方重点野生动植物及栖息地得到有效保护，基本构成了首都北京的自然保护区网络体系。建立野生动物疫源疫病监测站（点）108 个，其中国家级 9 个、市级 21 个、区县级 78 个，配备了必要设施和兼管人员，基本形成了覆盖全市主要地区的野生动物疫源疫病监测网络。

5. 生态修复与治理　生态修复是指将因人为或自然因素被破坏的生态环境通过人为的作用，达到或超过原有的生态能力和水平。北京的山区有着丰富的矿产资源，北京在发展中有着明确的对砂石、矿产的需求，长期以来，人们出于各方面的需要，对山区的矿产、石材等进行了大规模的开采利用，长时间的矿山开采使北京山区生态环境和自然景观遭到了严重破坏，形成了大面积的采空区、裸露的山体、砂石坑、窑坑以及废弃的矿渣堆等。由于这些被破坏的区域基本上没有土层，也没有植被，完全依靠自己的力量恢复到原有的状态基本上是不可能的。裸露的山体等常常造成水土流失，破坏了周边的环境，造成更多的生态问题。在邻近大城市的北京生态涵养区，这些问题形成了对城市发展和人民生活的危害，需要采取生态修复的措施，依靠外来的力量，在较短的时间内，使生态环境回复到适当的水平。在生态修复中，通过采用生态植被袋技术、基材喷附技术、岩面垂直绿化技术等，在没有土层，有机物缺乏的石层上形成植物生长的条件，同时采取其他措施，促进植物的生长与发展。除矿山、采掘砂石的区域修复外，北京还需要在河湖、工矿区、沙化区等开展生态修复工作。通过生态修复，使被破坏的区域不仅恢复了生态功能，而且可以产生经济收益，增加了当地农民的收入。北京郊区修复生态环境的内容很多，有对山体、河床、湿地等的生态修复，也有对小流域、林地等的生态修复，生态修复的需求量和投入量较大。

历史上，北京的矿山开采等遗留下了 5 000 多公顷的废弃矿山、千疮百孔的山岩、黑渣遍地的煤坑以及大量的裸露山体和废弃矿场，造成局部地区水土流失严重，生态环境逐步恶化，如果仅仅依靠自然条件恢复原来的生态需要相当长的时间。为改变这一状况，从 2003 年开始，北京试行了生态修复工作，并取得了初步的经验。为加快生态修复，在新农村建设中，北京请来了来自世界各地的专家，召开了有关技术的研讨会，通过实验探索最适合北京的生态修复技术和方法，建立了生态修复实验区，并提出了鼓励社会力量参与北京生态修复的意见。在新农村建设的 5 年中投资 17 亿元，开展生态修复工程。工程涉及北京的 11 个区县。除对废弃矿山等进行生态修复外，2009 年起，北京市同时开展了对永定河等干流河道的生态修复工程。

6. 村庄美化亮化工作　与前述两个地区不同的是，这一地区的村庄基本上没有外来人口，由于位于山区，绝大部分村庄规模小，人口少，居住比较分散。改革开放后，由于城市发展的速度快，机会多，山区村庄中青壮年大部分转向进城务工。北京生态涵养区的村庄人口多数在减少，不少村庄的人口减少到改革开放初期的 1/3 以下，目前村中绝大多数以妇女和老人为主。由于生态涵养区的条件，这里的大部分村庄集体收入很少，投入能力低，主要是依赖自然和人文资源，开展村庄美化亮化工作。由于这一地区是重点水源保护区，在生态环境建设中，一方面要加大对环境整治的投入，另一方面，也需要加大环境科研的投入力度，以科技减少垃圾处理的数量，保证生态环境的质量。

到 2010 年，郊区农业污染综合治理率达到 80%；农业废弃物资源化综合利用率达到 90%；大型养殖场粪便污染综合治理率达到 80% 以上，其中，规模化猪场粪便污染全部实现综合治理。改善农村生态环境，9 个区县建成国家级生态示范区，70 个乡镇建成"环境优美乡镇"，约 400 个村建成"文明生态村"。

二、北京农村生态环境保护存在的问题

虽说北京的生态环境保护和建设质量在国内处于领先地位，但与国际发达城市，尤其是世界公认的世界城市——巴黎、伦敦、纽约、东京相比，仍有较大差距。从软件上看，北京的生态环境建设理论研究不足、深度不够、公众的生态意识不高、重视生态环境建设的时间短、管理经验欠缺；从实践情况看，林木覆盖率还不够高，土壤沙化、水土流失、农业的面源污染等都相对比较严重。生态环境建设管理方式粗放，长效机制尚需完善。在生态环境建设过程

中，责任主体不明确、管护资金不足、重建轻管现象较为突出，管理水平有待提高。监督检查力度不够，造成整治后生态环境问题反复出现，长效机制有待完善。生态环境趋势虽然向好，但痼疾顽症仍然存在。

（一）耕地、湿地资源保护问题

如前所说，由于北京市城市扩张、人口增加和自然资源的保护，北京市耕地资源和湿地在不断减少。目前，北京市人均耕地面积仅为 0.03 公顷，约为全国平均水平（0.095 公顷）的 30%，低于世界粮农组织规定的人均耕地 0.053 公顷的警戒线。

同时，北京市湿地面积在在逐年减少。北京历史上河流众多、水系密布，有着大面积的湿地系统，湿地面积占土地总面积的比重曾多于 15%，主要有河流湿地、水库湿地、公园湿地（湖泊）、人工引水渠、鱼虾蟹池以及水田等，这些构成了北京历史上独特的湿地生态景观。在北京的区域经济发展以及维护区域生态平衡和稳定环境功能中具有巨大的作用。但随着人口的增加、水资源利用强度的增加以及气候的变化等，北京的不少河流断流、泉水干涸、地下水位下降，这些使北京的湿地在新中国成立后，特别是 20 世纪 60 年代后开始大面积缩减。到 21 世纪时，已经有大量的湿地消失，尚存的湿地也正在逐步干涸。这时的湿地不到新中国成立初期的 1/5，部分位于城市下游的河流污染严重。由于湿地的大量消失及条件的恶化，已经对北京的生态环境及生物物种带来了一定的影响，与 20 世纪比，北京的气候更为干燥，温差更大，鸟类和水生物的数量也在减少。如果不采取有力的措施，湿地还会持续缩减。因此，加强湿地污染治理、湿地保护和退化湿地恢复与重建，对于改善生态环境，增加生物物种，促进经济、社会可持续发展具有重要意义。北京的功能拓展区和发展新区在历史上都曾有大面积的湿地，发展新区由于土地面积大，发展空间大，成为湿地修复最主要的区域之一。

一方面，改革开放初期，北京农村曾普遍存在偏重于生产发展，忽视生态环境建设的问题，当时的生产发展较快，但形成的生态环境破坏比较严重，有些问题直到今天还未完全解决。另一方面，北京为了涵养生态，保护水源时制订的一些政策未兼顾当地农民群众的利益，曾经引起群众的反感和抵制，使生态环境建设的成效受到一定影响，也制约了广大群众自觉参与生态环境建设工作。

（二）城乡污染问题

1. 大气污染 在城市拓展区和发展新区城乡结合部，大气污染仍然严峻。由于历史原因和对环保工作认识上的局限，许多企业又不主动增加在治理污染上的投入，致使很多单位的烟囱高度和除尘设备不符合国家的规定与标准，经常在很低高度上产生废气层结；加之市政设施不健全，城市拓展区的许多地方无集中供暖、供气设施，居民采暖及做饭多使用土暖气、小煤炉等；城市拓展区基础设施的兴建，建筑工地扬尘和道路扬尘污染加剧。另外，由于市区禁止大型汽车通行，都从城市拓展区绕行，机动车尾气污染也呈上升趋势，从而造成大气污染负荷加重。此外，一些露天餐饮和烧烤业户由于在市区不能营业，都转移到城市拓展区地带，油烟污染比较严重，特别是到夏季，整个区域烟雾弥漫。

2. 水污染　在城市拓展区和发展新区城乡结合部，水污染仍然严重。水体污染主要是生活污水、工业废水、第三产业废水和地面降水夹杂的各种垃圾废物混合而成的极为复杂的污水。由于城市拓展区人口的急剧增长，生活污水大量排放；一些第三产业，如餐饮服务业、浴池、理发店、门诊等服务行业所排放的废水未经任何处理直接排放；一些重污染企业逐步由市区向城市拓展区外围搬迁转移；一些市区禁止的小化工厂、食品加工厂、个体屠宰厂、小造纸厂也在远郊相继开业；一些中小企业也在发展，但并无相应的废水处理设施；加上城市拓展区排水体制混乱，雨污合流较普遍，排水系统不完善，污水收集率低，大部分污水未经处理，直接排放，对水体造成污染，部分河流、河段污染较重。

3. 垃圾污染　在城市拓展区和发展新区城镇地区人口稠密，生活垃圾、工业固体废弃物等产生量巨大，但城市环境容量小，因此，各种垃圾被运至城市拓展区露天堆放，或填埋或焚烧处理。垃圾的大量堆放，不但吞噬良田，而且由于垃圾中含有大量的有毒物质而污染土壤、水体，破坏动植物生长；另外，堆放在城市拓展区中的垃圾在合适的温度、湿度条件下，可被微生物分解，释放各种有害气体，污染大气。垃圾的焚烧处理则可产生多氯联苯、二恶英等强致癌物质，造成二次污染。即使是填埋处理的垃圾，也可逐渐通过雨水冲刷、暴露、渗流、渗透等作用污染地下水。因此，城市垃圾等固体废弃物的处理不可避免的以城市拓展区环境的破坏为代价。据调查，在北京城近郊及部分远郊区 2 000 千米^2 的范围内，现有 42 处非正规垃圾填埋场地（指垃圾自然堆放），占地范围约为 204.8 万米^2，累计填埋垃圾约 1 292.4 万吨，占地面积约 189.9 万米^2，其中，填埋量在 50 万吨以上北坞填埋场已于 1993 年填满，田村垃圾场自 2000 年后不再使用，高家园填埋场已填满并开辟为临时垃圾转运站，北天堂、黑石头陈家沟垃圾场目前仍在继续填埋。

4. 农业面源污染　从现阶段来看，造成农业面源污染的原因是多方面的。首先，市场体系不完善和城乡二元结构的存在抑制了环境友好产品的使用，放任了有害化肥和农药的流失；其次，随着我国向农业现代化迈进，种植业和养殖业分离，集约化养殖业的产生使原来可以通过种植业消纳的禽畜粪便现在多数流失到水环境中；再次，农村居民对于环境保护持有理性的态度，虽然他们是污染的受害者，但他们对于水环境这个公共物品的认识是渐进的，因而在物质生活效用的驱使下，他们会无意识地破坏水环境，如随意倾倒生活垃圾和生活污水。农药和化肥的流失、水土流失、禽畜养殖粪便的流失、生活垃圾的随意倾倒、生活污水的随意排放等，这些正是农业面源污染的最主要来源。通过以下数据可以看出当前北京农村地区面源污染仍比较严重。

改革开放后，北京市农业中的化肥、农药等的投入不断增加，其中一部分为作物所吸收，大部分以不同的形式流入到环境中，对水体造成污染。生产中为防治病虫害而使用的农药也对地下水和农产品造成一定的污染。另外，这一时期地膜的使用量增加，部分地膜残留在土地中，也造成一定的污染。虽然这一时期开始注意这一问题，停止了部分高残留农药的使用，然而，由于这一时期增加产量等放在了较为重要的位置，农业的面源污染有加重的趋势。

(三) 山区生态修复问题

占北京市总面积 63% 的北京山区，无论是生物资源还是矿藏资源都十分丰富，尤其是西部山区，历史上是以采掘业为主导的资源型经济。改革开放以来，大量开办煤炭、石材、水泥、沙石、石灰等中小型工业，对生态环境破坏较为严重。主要表现在空气、水质、生物、植被、山体、河道、水土等环境的破坏。所以，面临生态修复和保护的任务很大。例如，北京市房山区史家营乡的采煤历史已有 300 多年，年产原煤约 380 万吨，是北京重要的煤炭生产基地。由于史家营乡的煤炭资源属门头沟主矿区的边沿矿区，在国家大煤矿管辖范围之外，因此，各村对煤矿资源的无序开发成为导致生态景观严重破坏、环境污染突出的重要原因。史家营地区除部分国营煤矿长时期在深层大面积开挖外，还分布着大量集体和个体开发经营的小煤矿，点多面广、布局零乱，形成大范围的煤炭采空区，约占全乡面积的 1/3。地表植被遭到大规模破坏，水土流失严重，泥石流等灾害加重。自 2005 年来，史家营乡党委和政府根据"人文北京、科技北京、绿色北京"战略目标，严格按照北京市煤矿关闭政策和关闭标准，先后关闭了 130 座煤矿，最后一批规模以上的煤矿 12 座，也已于 2010 年 6 月全部关闭，史家营乡彻底告别了传统资源型产业。据统计煤关闭后史家营乡需要治理废弃矿山 5 000 亩、修复矿山植被 6 000 亩、土地开发整理 2 000 亩、治经济风沙源 8 500 亩，生态修复任务艰巨。

(四) 水土流失问题

水土流失严重影响山区经济发展，主要表现在：①水土流失降低了土壤肥力。由于水土流失，北京山区土层厚度小于 30 厘米的土地，占山区总面积的

40％以上，土壤肥力及生产力下降，全市每年流失表土 1 528 万吨，相当于损失氮、磷、钾复合肥料约 28 万吨，使农业产量低而不稳，坡耕地产量仅 1 500～3 000 千克/公顷。②水土流失破坏了地貌的完整。侵蚀使沟头前进，沟岸扩展，吞蚀农田，威胁村镇、道路。妫水流域内南太榆树到西二道河一带，广泛分布着深厚的黄土，沟蚀发展相当强烈，南红门小流域的药子沟 10 多年前是一条只有几米宽的小沟岔，而现在已被冲蚀成一条宽 20 米，深 10 多米，有 5 条支沟的大侵蚀沟。③水土流失淤积水库、堵塞河道、缩短水库寿命。据不完全统计，自 1955 年官厅水库建成蓄水到 1990 年以来，已淤积 6 亿多米^3，按当时水库造价计算，损失资金达 1 009 万元。官厅山峡地区 30 多年平均输沙总量 259 万吨，造成永定河下游河床的淤积。数百年的日积月累，使北京段河床比堤外高出了 3～5 米，成了地上悬河。④造成洪水、泥石流危害，冲毁农田、村镇，威胁人民生命财产。从 1949—2000 年，北京地区有 22 个年头发生了泥石流，1999 年调查，全市有泥石流沟 700 条，受山洪、泥石流、险石、滑坡等灾害水文地质条件威胁的险村、险户还很多。

北京水土流失类型主要为水蚀、风蚀及洪水泥石流灾害等。根据北京市土壤侵蚀遥感调查结果，北京市土壤侵蚀面积为 4 088.91 千米^2，主要分布在延庆、怀柔、密云、房山、门头沟、平谷和昌平山区区县，其中，轻度侵蚀面积为 2 974.70 千米^2，占土壤侵蚀面积的 72.75％，中度侵蚀面积为 1 114.21 千米^2，占土壤侵蚀面积的 27.25％。直接后果既是土地生产力下降由于水土流失，土壤肥力下降，降低土地生产力，导致农业生产产量低而不稳。北京市土石山区土层厚度小于 30 厘米的土地，占山区总面积的 40％以上，在本来就瘠薄的土地上产生严重的水土流失，势必加速土地退化过程。据统计，全市每年流失表土 1 528 万吨，相当于损失氮、磷、钾复合肥料约 28 万吨，坡耕地农作物产量仅为 750～1 500 千克/公顷。其次，洪水、泥石流等威胁当地群众的生命财产安全严重的水土流失，致使山区泥石流、洪水灾害频繁。

近 50 年，北京发生较大泥石流灾害 13 次，死亡 486 人，冲毁耕地 2.13 万公顷，冲塌房屋 6 886 间，给京郊山区人民的生命财产带来很大损失。2012 年北京"7.21"特大暴雨，由于泥石流和河道堵塞造成房山区 80 万人口受到了不同程度的损失。据估计，总的损失约 50 亿元人民币。其次，淤积下游河道水库不论是发生在坡面或沟道的土壤侵蚀，还是由于人为开发建设引起的松散堆积物侵蚀，使大量泥沙在河道沉积，堵塞河道，抬高河床，减弱行洪、泄洪能力。这一方面加大了河道清淤的经济投入，减少了水库库容；另一方面增加了汛期暴雨洪水泛滥的危险性。从永定河官厅水库到门头沟三家店之间的约 1 600 千米^2 官厅山峡地区，平均土壤侵蚀模数约 2 000 吨/千米^2，大量泥沙淤积在永定河下游河床上，使河床不断抬高，卢沟桥以下形成"地上悬河"，高出地面 3～5 米。再次，城市水土流失严重北京市市区与城镇区现代化大都市建设，工矿、采矿的开发建设，如公路、铁路、机场、供水、排水、供电、通讯等基础设施建设，房地产开发与旧城改建以及开采砂、石和工业区的建设，都不同程度地破坏了原有地貌、植被和水系，造成局部地区的扬尘、地表植被破坏和永资源的流失。

三、北京农村生态环境保护发展之对策

（一）优化区域产业体系

1. 重视环境保护和生态平衡　农村是北京市的重要组成部分，它的主要功能是生态功能。农村的资源优势是生态资源，农村的主要功能是生态功能，它和城区的资金、技术、人才、管理等资源优势和政治、文化功能相辅相成、相得益彰。"十一五"以来，北京在城乡建设、经济建设平稳较快发展的同时，环保工作以改善环境质量为中心，以防治大气污染为重点，进一步得到拓展和加强；主要污染物排放总量控制计划基本完成，城市环境质量逐步改善，城乡生态系统趋于良性循环。但总体上，城市快速发展和区域生态退化给全市生态环境造成较大压力，环境质量和生态状况与国家标准、"绿色北京"和"宜居之都"要求相比还有一定距离。目前存在的主要问题是：大气污染呈现复合型、压缩型特征，水资源短缺和水环境污染并存，社会生活噪声污染问题日益突出；生态系统脆弱且安全保障体系不完善，山区生态体系总体比较脆弱；农村环境污染治理及生态建设面临的形势依然比较严峻。农村环境基础设施建设相对滞后，城市化进程加快造成的环境污染有上升趋势；农村养殖业粗放式经营导致的畜禽粪便污染和农用化学品过量使用的面源污染仍未得到有效控制。同时，自然资源相对短缺以及地理气象条件和城市规模的负面影响，使大气和水环境容量有限。周边地区生态退化对本市大气环境质量的影响不容忽视。研究结果表明，北京与河北、天津等地之间存在一次和二次污染物相互传输，并常呈现大范围的区域污染特征。由此可见，重视环境保护和生态平衡是北京市经济社会发展的重中之重，生态安全是北京可持续发展的关键。随着社会经济的较快发展，环境保护面临着严峻挑战。目前环境质量与各方面的要求和期望差距很大。

北京常住人口已达 2 200 万，机动车保有量已接近 500 多万辆。北京城市屡超规划的扩张给城市资源、环境、交通、治安、日常运行和管理带来了巨大的压力。问题是迄今为止，北京还没有找到控制城市继续快速扩张、功能继续增强的比较合理有效的办法：城市规模扩张式建设格局依然在延伸，流入人口以每年 60 万速度在增加，机动车每年增加 50 多万辆，而且北京机动车使用频度要比其他世界城市高出几倍。显而易见，如果再按目前这样扩张下去而不加以控制的话，北京将会膨胀成什么样？那样的城市在未来将如何生存？不堪想象。毋庸置疑，北京建设世界城市，必然不能延续简单的扩张式发展路径，而需要采取必要的限制措施；必然不能听任扩张冲动的主宰，而要规之以发展理性；必然要在疏解城市功能、增强可持续发展方面走出新路子。城市建成区面积、人口规模、能源与资源消费总量、机动车保有量、施工规模等可能影响环境质量的诸多因素，还在继续增长，改善环境质量压力继续增大。由于城市快速发展，进一步大幅控制和削减污染物排放总量的难度加大。同时，自身存在的不利自然条件以及区域生态退化带来的负面影响，环境污染不会在短期内显著缓解，生态状况不会在短期内有效改善，环境保护工作任重道远。

建议各级政府要充分利用各种舆论宣传途径，各种培训方式，加大对农村农村生态环境建设的宣传和引导，营造良好的生态环境建设工作氛围，提升干部群众生态环境保护意识，扩大干部群众对生态环境建设和生态环境保护的认知程度，提高群众自觉参与生态环境建设工作的积极性和主动性，增强各级干部群众开展生态环境建设工作的热情，努力把农村生态环境建设的各项工程做成民心工程，实现人与生态环境的和谐发展。

2. 积极发展都市型现代农业和生态旅游　重视环境保护和生态平衡是北京市经济社会发展的重中之重，走生态型、循环型的可持续发展道路是北京市可持续发展的必由之路。所以，北京农村经济的可持续发展必须积极发展一、二、三次产业相融合的都市型现代农业*。推进都市型现代农业的建设和发展，是建设生态村镇和生态城市的基础，也是建设首都社会主义新农村的重要内容和物质基础。大城市农村农业份额不大，但农业的功能强大；经济价值不大，但生态功能强大。大城市农村农业围绕绿化、美化，净化水质、土壤和空气，为城市提供绿色生态屏障，为市民提供观光、休闲、娱乐场所发挥了不可替代的作用；大城市农村农业围绕着服务城市、建设城市，为提高城市道路、交通、能源等承载能力，保证城市经济的可持续发展做出了巨大的贡献。所以，大城市农村新农村建设必须高度重视都市型现代农业的发展，进一步丰富了现代农业集生产、生活、生态于一体的功能。全面建设和发展农村的都市农业、经济林业、特色林果业、养殖业等生态产业。

（1）要积极推进生态型新农村建设和发展。北京市是典型的"大城市、小农村"，与此相对应的是农业在三次产业中所占的比重逐年下降。2010年以来，农业在北京市GDP中所占的比重不到1%，而二、三产业所占的比重则

---

* 广义的都市型现代农业涵盖了农、林、牧、副、鱼等第一产业农产品加工等第二产业以及乡村旅游等融合性产业。

分别达到了 25.7% 和 74.3%。北京市从环境保护和可持续发展的角度对北京农业的功能进行了科学定位，并提出"公益功能为主，兼顾经济功能的都市型农业引导第一产业发展"。"十一五"以来，北京市科学规划，积极发展都市型现代农业。北京农业产业布局与北京"两轴—两带—多中心"的城市空间结构和区县的功能定位相协调；与社会经济的发展阶段及都市型现代农业的发展要求相适应；特别是要与农村的资源禀赋、市场需求和环境容量相匹配。五环路甚至是六环路以内的农田应该以发展景观农业为主，温室大棚等设施农业从这里退出，鼓励农民种植冬小麦和饲草。冬小麦可以固土，还可以使冬季道路两侧的景观更美。农民大面积种植饲草，可以放养奶牛，其环保和景观的效益是不可估量的。科学定位北京农业的功能，确定北京都市型现代农业的发展方向与发展模式，必须进一步推进北京都市型现代农业向纵深发展，发挥农业的多功能性，增加农民收入，推进新农村建设，为北京建设"宜居之都"服务。

（2）要积极推进都市型现代农业的发展。具体而言，第一，积极开拓北京巨大的潜在市场，适应人们在食品消费上追求天然、安全、健康、无污染的理念变化，强化发展特色林果业和生态种养业，推进绿色食品和有机食品的生产发展，即开发优质农产品产业体系；第二，开发以农业园艺、农村景点为主，进行观赏、旅游、休闲和教育的观光农业体系；第三，开发以林业、水土保持、资源环境的可持续发展为主的生态产业体系；第四，开发以先进的种苗、生物工程、科学技术、试验示范为手段支持的科技产业体系等。这种产业拓展和结构调整既能提高生态涵养能力，也有利于农民增收。其关键是政府要在继续推进农业产业化经营，支持农村专业合作经济组织的发育，加强农产品的标准化生产和规范化管理以及控制农业生产带来的生态破坏和环境污染的同时，转变对农业产业的认识理念，顺应农业的现代发展，采取相应的支持性政策措施。

（3）要积极推进农村生态旅游产业的发展。重视环境保护和生态平衡，走生态型、循环型的可持续发展道路，是北京市可持续发展道路的前提下，务必要发展服务首都且有利于生态平衡的产业即以现代旅游业为核心的都市现代服务业。与中心城历史文化资源保护相结合，大力发展农村文化旅游业；结合新城建设，发展城市休闲娱乐业，适度发展旅游会展；因地制宜，发展山区生态旅游，不断增强旅游业对北京经济的带动作用。与调整城市空间结构和优化完善城市功能相协调，在城市东部、西部和南中轴且具备良好交通条件的地区，预留大型休闲娱乐用地。北京农村不仅具有丰富的自然资源和旅游资源，而且具有历史悠久的已经开发和尚待开发的文化资源；北京不仅具有众多的风景名胜、自然景观、原生态保护区，而且具有多处世界文化遗产。北京农村山河纵横，自然地理、地貌十分丰富，生物资源、农业资源在世界大都市中也是首届一指。北京作为六朝古都、历史名城，旅游资源十分丰富。北京旅游资源绝大部分在农村，遍布农村的名山、秀水、森林、奇洞、皇陵、寺庙等各种自然景观、人文景观、休闲娱乐景观数以千计，其中延庆八达岭长城、昌平十三陵等名胜古迹享誉国内外。得天独厚的旅游资源使北京农村成为国内旅游的首选地区，也对海外游客产生了巨大的吸引力。所以，把都市现代农业、旅游业和文化创意产业结合起来，发展都市农业、生态旅游和文化创意产业相融合的产业体系十分必要。

3. 善于运用市场机制强化生态环境保护 在我国生态环境建设中，政府起着主导的作用，无论是新中国成立初期的植树造林，还是爱国卫生运动以及改革开放后的新农村建设中的生态涵养区建设等，都是由政府组织、投资等开展起来的。由于生态环境建设的效益多数是长期的的、间接的，政府的组织能够起到立竿见影的作用，同时也有利于协调各方面的关系。然而，从社会实践的总结来看，行政方法虽然有上述优点，但也有效率较低，投入产出比差，连续性不强等问题。

从发达国家的情况看，如果能够将可以由企业完成的生态环境建设工作交给企业或社会组织来完成，可能会以较少的投入，更有效地完成同样的工作。同时能够保证生态环境建设中的某些工作自觉主动地完成。在这方面，发达国家及我国部分地区已经取得了一定的成效，如垃圾处理、污水处理、美化绿化、环境清扫、生态修复、流域治理等都可能通过投标的方法由组织能力强、效率高的企业或社会组织来完成。一般来讲，要求时间短、强度大、职责难于明确的生态环境建设内容适宜由政府来组织，其余工作应尽可能通过市场机制的作用完成。这样既能够使有限的资金发挥最大的作用，同时也有利于提高生态环境建设的质量。因此，在农村生态环境建设中，在坚持政府主导的同时，还要尊重市场规律，善于运用市场机制杠杆，来推进生态环境建设。

（二）建设绿色生态新城

1. 努力建设好生态新城 《北京城市总体规划（2004—2020年）》提出未来的北京将集"国家首都、世界城市、文化名城、宜居城市"这4大鲜明特色于一身。北京城市总体规划实施5年来，北京的经济发展和城市建设迅速发展，在综合经济实力、产业结构优化升级、基础设施建设、国际化程度等方面取得了长足的进展，北京已经基本具备了全面建设国际化大都市的基础和条件。但是，北京在经济实力、国际化功能、创新能力、生态环境等的方面，与国际发达城市相比，差距还相当明显。尤其是北京人口、资源、环境协调发展的压力很大，改善生态环境和提升资源环境综合承载能力任务艰巨。因此，建设以都市型现代农业为主导产业，生态型、网路化、园林式的发展新城是北京农村发展的科学选择，是建设"人文北京、科技北京、绿色北京"的必然选择。

按照城乡统筹协调发展和区县功能定位的要求，一方面，要加快北京新城的建设速度；另一方面，要积极的保护生态环境和实现生态平衡。所以，在农村新城建设和发展过程中一定要尽快抑制摊大饼式的城市和工业扩张，抑制传统工业和建筑业的过度扩张，走生态型、循环型、集约型的可持续发展道路。所以，北京农村的发展必须做到以下几点：

（1）境优美是新城之"新"的重要体现。创造亲和宜人的环境，既是对新城城市规划和设计的基本要求，也是吸引中心城区过密人口、吸纳产业在新城聚集的现实需要；新城要有相对完善的产业基础，能够为居民提供相应的就业机会，减少与中心城的通勤量；同时，新城要有相对独立的基础设施与公共服务设施，能够支撑新城良性运转；新城在强调自我完备性的同时，也要通过便捷的交通等联系方式，实现与中心城及其他周边地区的资源共享、协作分工，共同推进区域的全面、协调、可持续发展，生态和谐、功能和谐是新城发展的主题。

（2）灵活多样是新城空间规划的基本要求。新城不同于传统城市，它是在地区城市化加速发展的前提下，在短期内迅速建设起来的，是所在大都市多中心空间发展模式的一部分。一个成功的新城空间规划，一是要满足城市快速增长的现实需求，更要高屋建瓴，留足余地，保证今后的可持续发展；二是要避免新城开发建设对周边地区土地利用秩序和农业生产环境的影响，兼顾周边地区的发展定位；三是要根据新城不同的功能定位和环境特点，规划和设计各具特色的城市空间和风貌。

（3）和谐平衡、因地制宜是新城综合规划的重要特色。尽管城市规划技术不断发展，各国规划体系结构不同，但从发达地区的新城建设经验来看，新城规划并不等同于一般的城市规划，不应按照当地传统的城市规划体系进行。主要原因：一是城市属性不同。新城与自发聚集、渐进发展的传统城区存在本质区别，现行城市规划体系往往不能适应新城的特殊属性。二是城市发展目标不同。新城建设的目标是要解决城市功能、人口和产业过度聚积的问题，促进城市化空间整体性和区域协调发展。三是城市规划重点不同。新城的发展规划必须十分注意居住与就业的平衡、内外交通发展、生活环境质量等问题。所以，新城的建设和发展，一定要适合宜居、生态和谐、特色鲜明，绝对不可模仿和复制核心城区模式。要抑制传统工业和房地产业在农村的过度扩张，遏制传统城区模式"摊大饼"式扩张。具体应采取如下措施：

①积极建设和发展园林式、网络化农村小城镇。农村的发展，再不能走城区产业和高楼林立的传统方式，应该走产业和城镇相对疏松，以发展第一产业

为主体，一、二、三产业合理布局、均衡立体发展的模式，应该建设园林式的循环节约型、生态立体型的农村经济。严格贯彻落实《中华人民共和国土地管理法》，积极保护土地资源，包括林业资源、水资源、耕地。一要保护好现有的耕地、林地和水资源等；二要继续拓展退耕还林、植树造林、绿化美化等工程；三要节约使用每一寸土地、每一滴水、每一片绿地。因此，在小城镇布局和建设方面，要考虑保护水资源、生物资源、农林资源，建设和发展园林式、网络化农村小城镇，以避免中心城区"摊大饼"式的扩展。

②建设风格各异、环境优美、和谐宜居的农村社区。在村镇规划和建设上，要根据当地客观条件，科学编制规划；在新农村建设模式上，力求以人为本，突出与自然和谐，格调新颖，形式多样；在新农村建设部署上，必须坚持科学规划、分类指导，实行因地制宜、因乡制宜、因村制宜，有步骤、有计划、有重点地逐步推进。在拆除落后、破旧、非法的建筑同时，一定要注重立足乡村特点，突出地方特色，尊重各地的传统、习惯和风格，不能把鲜明的民族特色改没了，不能把突出的地域特征搞没了，不能把优秀的文化传统弄没了，不能把秀美的山川破坏了。事实证明，首都农村的各个区县、各个乡镇、各个村庄都有其优势，如生态优势、地域优势、文化传统优势等。在新农村建设中，务必充分发挥这些优势资源，建设适合其优势特点的新农村。例如，处在水资源保护区的新农村建设就必须以自然村落和风格去建设，具有旅游资源优势的就必须发展具有民俗特点的新农村，具备生态优势资源的就必须建设具有田园风格的新农村。

2. 不断改善区域生态环境　生态环境是城市的软实力、潜在生产力和核心竞争力。特别是在建设世界城市和"绿色北京"的前提下，生态环境建设已经不是个别部门、个别领域的专项工作，而是渗透全局、覆盖全域的综合性、系统性工程。从根本上，生态环境建设要求北京经济社会发展模式的转型，要求将生态文明的理念贯穿到全市经济社会建设的各个领域和环节。在绿色发展理念的引领下，按照建设世界城市的标准，必须努力打造国际一流的生态环境。

（1）要始终坚持环境建设先行。把环境建设作为推动区域发展、提高城乡发展水平的重要引擎和基础，在城乡建设中将环境建设摆在优先位置，提前规划建设环境基础设施，优先安排环境建设资金，严格防止先建设、后破坏、再修复的环境建设老路，努力实现环境建设的超前化。

（2）要始终坚持环境建设服从区域经济社会发展大局。紧紧围绕区域经济社会发展的重点区域和中心工作，合理安排环境建设的重点，强化环境建设对经济社会发展的服务保障功能，着力依托环境建设提高区域发展质量、增强区域发展后劲，提高环境建设对经济社会发展的支撑力和贡献率。

（3）要始终坚持生态建设重心由整治向预防转移、由治标向治本转移。加强从源头上减少和控制环境污染的力度，构建环境友好型的生产模式。要抓住经济发展方式转变的有利契机，加快推动区域产业结构调整，着力优化第二产业，抓好第二产业的节能减排；着力做强第三产业，壮大优质、轻型、低耗的现代服务业，大力发展低碳经济、循环经济和绿色经济，加快培育新能源和节能环保产业，切实减少生态环境的源头问题。

（4）要注重北京周边地区生态环境的建设。北京的生态环境建设不仅仅要注重北京市范围内，而且要注重北京周边地区生态环境的建设。从北京的水资源条件看，目前北京的水资源 60% 以上来自北京的周边地区，这些地区水源环境的状况，决定了北京市的水源质量。例如，为了保证北京的水源，中央曾协调关闭了北京水源区上游的几百家企业。北京的空气质量也与周边地区密切相关，如北京的沙尘暴主要来自内蒙古，内蒙古的生态环境不治理，北京的沙尘暴问题就不可能从根本上解决。北京市生态环境质量的提高要着眼于更大的范围。

3. 不断改善城乡人居环境　　打造国际一流的人居环境，打造国际宜居新城，必须将人民群众的环境民生摆在更加突出的位置，将以人为本的理念贯穿到城乡环境建设的各个方面，以人民群众反映最强烈的环境问题为工作重点，以构建群众满意的城乡环境为基本落脚点。

（1）要不断改善群众的居住环境。按照适度超前的原则进一步完善区域供水、供气、供热、供电、污水处理等环境基础设施。继续推动居住小区环境建设，以绿化美化小区、修建人行步道、增加环卫设施、治理非法小广告、设立广告宣传牌、治理一层住户私搭乱建、管理车辆停放等为主要内容，推广人性化管理理念，促进居民小区环境管理的规范化。要大力整治城中村、老旧居住区和胡同街巷，坚决拆除违章建筑。要加强垃圾处理，抓住垃圾的产生、收集、运输、回收、处理 5 个环节，构建减量化、无害化、资源化的垃圾处理体系。

（2）要不断改善城乡公共空间环境。以主要街道、广场、机场周边、中国国际展览中心新馆周边和主要公园为重点，着力构建整洁、美观、文明的城市市容。对主要大街加大卫生保洁力度，及时清掏清运垃圾，强化日常监督检查。严厉查处公共场所乱倒生活垃圾，严厉整治乱堆乱放，彻底清理街道两侧、道路两侧、村庄周边、居民小区内的各种堆放物，清理流动商贩，治理非法小广告，规范工地管理，解决道路遗洒，制止随地吐痰、乱涂乱画等行为，严厉查处、取缔在主要街道、景区占道经营、违法经营行为、露天烧烤等行为。按照"整齐美观、健康文明、和谐统一"的要求，进一步加强全市户外广告牌匾规范管理，持续开展"净空行动"，推动城区架空线入地。

（3）要进一步完善出行环境。坚持道路环境建设与道路工程建设同步规划、同步设计、同步整治、同步建设的做法，按照一步到位的要求，对道路两侧绿化美化和景观建设进行高标准设计，实现"完成一条道路建设改造，出现一道环境亮丽景观"建设目标。按照绿色文明生态走廊的标准，加强道路清扫保洁、检查维护道路设施、清理整修马路边沟、清除杂草拉拉秧、粉刷树木、维护完善绿化美化景观建设，促进区域所有道路环境水平的提升。

（4）要进一步完善休闲旅游环境。积极利用城中村、边角地、违章建设拆除形成的土地空间，建设城市休闲广场、健身广场、城市公园和郊野公园，完善市民休闲场所的设施，加强市民休闲场所的环境管理与服务。加强旅游景点的环境管理和服务，做到旅游景点干净整洁、景观优美、秩序井然。

（三）完善生态保护机制

1. 完善生态环境保护管理机制 农村农村生态环境建设必须把日常建设管理作为全部工作的重心，坚持环境建设和环境管理协调并进，着力从体制机制上保障生态环境建设取得长效。

⑴要进一步完善环境建设协调机制。建议市、区新农办、市环保局、市水务局等相关部门联合组成工作领导小组，负责全市农村农村生态环境建设工作的总体部署、组织协调和宏观指导。各级政府要把生态环境建设工作纳入重要议事日程，建立工作责任制，并纳入各级政府绩效考核，作为为民办实事的重要内容，将生态环境建设工作落到实处。

（2）要进一步完善环境问题的防范机制。推进规划建设管理的配套制度改革，严格落实环境友好型规划，严格重大产业项目建设的环境评价机制，以绿色环保为导向推进产业结构优化升级，推进环境污染型企业关停并转，从源头上减少社会单位和个人引起的环境问题。

（3）要进一步完善环境问题的发现机制。全面推进监督检查职能与处理解决职能相分离。由环境办牵头经常开展环境卫生专项拉练检查，对于发现的问题及时协调责任单位抓紧解决，及时通报检查情况纳入年终评先依据。完善群众举报环境问题的渠道，引入现代科技手段，构建环境问题的智能化预警系统，全方位、不间断地发现各类环境问题。

（4）要进一步完善环境问题的分析机制。切实加强城市管理信息系统的研究功能，强化城市环境管理方面相关部门的研究职能，注重借助科研机构力量加强对城市环境管理的研究。积极借助社会中介组织力量，多角度分析评价规划实施效果和政策措施落实情况，及时发现问题和提出改进意见。

（5）要进一步完善环境问题的处理机制。加快城市管理信息系统建设，全面加强基础数据的收集、整理，建立依法、依程序管理和社会评价相结合的城市环境管理综合考核体系。继续完善整治建设任务挂销账制度，做到地点、内容、标准、措施、责任、时间"六明确"，探索建立由公安、城管、交通、工商、卫生、环保、市场、公路等部门参加的城市管理联合执法队，在重大节日、重要时期对三轮车、黑车、车辆停放、摊贩占路经营、夏季露天烧烤等影响城市环境秩序的现象开展联合执法整治。

（6）要进一步完善环境建设工作的奖惩机制。继续实施环境建设评先表彰机制，坚持定期由区县环境办联合相关部门，对各镇、各街道办、各单位环境建设工作进行综合考评，评出年度环境建设先进集体和先进个人，报请区委、区政府给予表彰。对环境问题较多的单位和地区，通过 DV 曝光、编发通报等形式进行曝光、督促整改。

（7）要进一步完善环境建设公共财政保障机制。要着力促进环境投入合理适度增长、重大基础设施有计划投入、环境维护费用标准化管理，不断改进环境建设投资体制，促进对重点发展地区和发展滞后地区转移支付的机制化、常态化，加大农村地区、城乡结合部地区环境建设的财政支持。

2. 完善生态环境保护补偿机制　生态补偿机制是通过利益调节，达到控制环境破坏、促进环境保护、推动环境友好型社会和经济发展目标建立的一种有效管理制度。北京地区，特别是山区虽然具有很多特殊而重要的生态功能，但其产业发展相对落后，农民收入偏低，就业能力不足。在把山区划分为生态涵养区以后，一些原有的采矿、水泥等资源消耗和环境污染型企业相继被关停，使得区域就业容量和财政收入进一步减少，而替代原有产业的新兴生态产业体系尚未完全建立，导致这些地区的经济发展与保护环境的矛盾突出。通过建立完善的生态补偿机制，可以促进解决这些矛盾。然而，现有的生态补偿机制不完善，还难以在促进增收就业方面发挥作用。如何在不断提高生态环境功能的前提下实现生态涵养区（山区）的经济发展，是建立和谐北京和在全国率先实现城乡一体化的工作难点。

（1）建议设立北京生态修复和生态补偿专项资金。其主要用途，一是用于水源涵养和西部生态脆弱带的生态修复和维护；二是对因涵养生态而导致的产业发展受限以及为保护生态环境而进行的产业转移，给予足够的补贴和适当的奖励，特别是要通过实施失业救济、就业培训、提供公益性岗位、实行就业托底、扶持自主创业等系列化政策，对受产业转移直接影响的原从业人员给予妥善安置。专项资金的来源，除了市级财政预算支出外，还需要中央财政的合理投入。北京作为首都，其特殊地位决定了生态环境建设的外部性更强，中央机构以及国际政治、经济、文化的交往都从中受益，所以该区生态环境建设不仅是北京的任务，也是国家的任务，中央财政有付费的责任。同时，应完善相关的评价机制，细化补偿方案和办法，特别是要在各利益相关者的博弈中，充分考虑最弱势的农民的利益。

（2）建议对不同区域实行差别化的补偿方式。建立统一的生态补偿机制体系 北京市现有的生态补偿已涉及多个部门、多个层面及多个领域的生态问题，但还没有形成一个统一的补偿体系，客观上存在着部门差别，不利于协调管理。建议从促进山区协调发展、城乡统筹的角度，针对山区森林、自然保护区、流域管理、水源保护、矿产资源开发、环境保护等不同内容，制定统一协调的山区生态补偿机制设计。以各领域不同层面为主体，确定相应的补偿方式、补偿标准及补偿资金来源途径。

（3）建议对生态涵养发展区加大补偿力度。山区是生态环境建设的任务很重，经济基础和地理资源条件较差，劳动力和人口外流较多。靠农村自身解决增收和缩小城乡差距的难度很大。因此，需要建立农村农村生态环境建设的生态补偿机制，调动地方政府和广大村民参与的积极性和主动性。

3. 完善生态环境保护保障机制　建立稳定的财政支持保障制度。发展生态产业是一项长期任务，北京市已提出在生态涵养区选择一批成长性好的特色龙头企业予以政策性扶持，促进生态涵养区现代农业特色化发展。在当前生态产业成长期，还需各级政府建立多渠道、多层次的投入机制给予支持。要把发展生态产业纳入国民经济和社会发展规划，列入各级财政预算，安排必要的资金，发展生态产业项目，并根据财力增长情况逐年加大对生态产业的投入力度；结合生态补偿机制的建立和完善，动员农民加大对生态产业的劳力和资金投入。建议将生态环境建设资金纳入财政资金支持体制之中。市财政以区县为评估单元，加大对农村农村生态环境建设的转移支付力度，将生态环境建设资金纳入财政资金支持体制之中，建立生态环境建设补贴的长效机制。

同时，建立合理的绿色投资回报机制，鼓励企业、社会团体、个人投资生态环境建设，建立多元化的投融资机制。一方面，鼓励和支持私人投资、股份合作制、租赁等形式融资；鼓励金融机构把扶持生态产业作为信贷投放的重点，建立和完善生态产业发展贷款信用担保体系，建立生态产业融资担保制度，鼓励生态产业龙头企业、林业大户组建生态产业融资担保公司。财政支持应重点保证生态涵养区绿色产业的生产资料补贴、技术创新及产业示范建设补贴。另一方面，政府在投入和扶持上注重产业体系的联动关系。要建立和完善现代农村金融制度。放宽农村金融准入政策，加快建立商业性金融、合作性金融、政策性金融相结合，资本充足、功能健全、服务完善、运行安全的农村金融体系。鼓励社会资本到农村设立小额贷款公司，允许农村小型金融组织从金融机构融入资金；通过政府注入部分资本金等方式，鼓励有条件的农民专业合作社开展信用合作。

4. 完善生态环境保护法律保障体系　生态经济就是循环经济，发展循环经济是资源开发与环境保护协调发展的必由之路，是保障生态环境必然选择。北京市应该在积极贯彻落实《环境保护法》同时，制定相应的《促进经济生态化发展法》、《资源综合利用再生利用法》等，加快建立具体资源再生行业法规、技术规章等。循环经济的发展必须以循环经济的法律、法规和政策来推动。促进循环经济发展的政策应首先体现在综合经济部门制定的产业政策、财税政策、投资政策、环保政策、产品回收政策等方面。

生态经济就是绿色经济，发展可持续发展的绿色低碳经济是北京资源开发和生态环境保护的必然选择。绿色 GNP 由世界银行在 20 世纪 80 年代提出，它较全面地体现了环境与经济综合核算的框架，已逐步成为衡量现代发展进程、替代传统宏观经济核算指标的首选指标。目前，一些国家已采用了新的绿色国民经济核算方法，在计算国民生产总值时，要扣除资源的消耗和环境污染破坏的损失。采用绿色 GNP 代替传统 GNP 核算，包括建立企业绿色会计制度、政府和企业绿色审计制度、绿色国民经济核算体系等。

建议在北京农村引入绿色 GDP 评价指标，以期较为全面地反映其经济增长与生态环境保护的关系。北京市作为全国经济文化发达的首善之区，应率先在全国尝试使用绿色 GDP 这一指标，对资源耗减成本和环境损失代价给出较为准确的估价，以示对经济增长质量的重视。其中，又应首先在生态涵养区引入绿色 GDP 的评价指标，以利于引导涵养区走内涵式、集约型发展道路，克服粗放型、单纯外延式的发展倾向，促进生态环境保护和产业协调发展，实现涵养区经济的科学发展。根据我们的研究，在生态涵养区引入绿色 GDP 面临的主要技术难题包括环境损失代价计量、数据不连续以及农村地区监测薄弱等三个方面。建议统计部门、环保部门以及相关科研部门等加强协作研究，以期尽快制订出合理的绿色 GDP 核算体系，核算出涵养区的绿色 GDP。

建立"生态—环保—绿色—低碳"经济，必须有绿色保障制度体系。一是绿色制度体系，包括绿色资源制度、绿色产权制度、绿色市场制度、绿色产业制度、绿色技术制度；二是绿色规范制度，包括绿色生产制度、绿色消费制度、绿色贸易制度、绿色包装制度、绿色回收制度等；三是绿色激励制度，包括绿色财政制度、绿色金融制度、绿色税收制度、绿色投资制度等。以上制度的建立和有效运转都需要立法来规范和保障。可采取的措施包括：第一，行政手段，如排污许可证、资源配额；第二，税收手段，如污染税、原料税、资源税、产品税等，特别是应加快出台再利用和再生利用废弃物的企业实施税收减免的具体政策；第三，收费制度，如排污费、使用者费、环境补偿费等；第四，财政制度，如治理污染的财政补贴、低息长期贷款、生态环境基金、绿色基金等；第五，加大资金投入，继续提高政府对环保的投入比例，发挥其引导作用。

（四）强化防污治污举措

事实证明，目前北京市大气污染、噪音污染、扬尘污染、水环境污染、农业面源污染、垃圾污染等问题十分突出。必须从城乡一体化高度出重拳予以遏制，认真贯彻落实北京市空气清洁行动规划、水资源保护建设规划、土地利用规划等各项措施。一定要深入贯彻落实科学发展观，充分认识空气质量改善的重要性、长期性和艰巨性，切实增强责任感和使命感，以实现空气质量改善为目标，以控制细颗粒物（PM2.5）污染为重点，着力深化结构调整，着力强化污染治理，着力实施生态建设，举全市之力，以更大的决心、更高的标准、更强有力的措施，加大污染物总量减排力度，推动空气质量、生态环境的持续改善。特别严格重视的是水资源保护措施和农村环境保护与污染治理。

（1）在严格保护饮用水源方面，要积极推进流域环境综合整治，加快污水治理设施建设，开展污水深度治理与资源化利用，努力改善水环境质量。①继续开展水源保护区畜禽养殖、生活垃圾、农业非点源及农村生态环境治理，减少面源污染。密云水库和怀柔水库上游所有乡镇全部建成集中污水处理设施（再生水设施）并保证其正常运转，汇水范围内的山区未治理小流域全部建成生态清洁小流域。开展地下水环境专项调查。消除水源地污染隐患，加强对地下水源保护区内现有加油站及其他贮存有毒有害物质地下设施的整治，并对大口井、废弃机井采取封井措施，完善地下饮用水源防护区内的污水管网，提高污水收集和处理率。②继续整产业结构。逐步关停不符合本市功能定位的水污染企业。全市范围内禁止生产和销售含磷洗涤用品。深化工业水污染治理。加大对工业开发区和重点工业污染源的监管力度，深化工业企业废水治理，确保工业水污染物排放稳定达标。向污水管网排放有毒污染物的企业一律按规定进行预处理，处理合格后排放。进一步推进工业废水深度处理和资源化。继续开展化工、制药、造纸、纺织、食品、酿造和电镀等重污染行业的清洁生产审核工作，确定污染产生重点环节，落实清洁生产措施，强化源头削减和全过程控制。③增加集中污水处理能力，开展污泥无害化治理。强化污泥处理处置设施建设，督促污水处理单位在厂内进行污泥的减量化和稳定化处理，加大对出厂污泥的监管力度，确保污泥全部达到无害化处理要求，促进污泥资源化利用。④开展污水深度治理。完成中心城8座污水处理厂的升级改造，使出水水质主要指标达到地表水Ⅳ类标准。⑤鼓励再生水利用。完成清河等4座再生水厂调水工程，逐步提高河湖环境再生水利用量，实现河道再生水补水量3亿米^3，全市再生水利用量不低于10亿米^3。⑥增加生态环境用水。以北运河、潮白河水系综合治理和永定河绿色生态发展带建设为重点，通过污水处理设施建设、再生水利用、河道整治、生态修复等综合手段，增加生态用水量。

（2）在推进农村环境保护与污染治理，提升生态承载能力方面。①要继续增加植被覆盖度、生物丰度，以生态涵养区为重点，完善以山区绿化、平原绿化和城市绿地为基本骨架的绿色空间体系，建设滨河森林公园、郊野公园、城市休闲森林公园、南中轴森林公园，沿中心城河湖水系打造滨水林带，增加绿地面积，优化绿地结构和布局，到 2015 年，全市林木绿化率达到 57%，城市绿化覆盖率达到 48%。②提升水网密度，实施永定河绿色生态走廊建设，开展潮白河等河流水系综合治理，加快城市湿地恢复，增加水面面积。③减少水土流失。继续遏制土地退化，开展沙化、潜在沙化土地治理，实施生态清洁小流域建设，推动关停矿山生态修复，减少水土流失面积。④不断提升自然保护区管护水平。诸如规范自然保护区管理。制定自然保护区管护评价标准，进一步推动自然保护区建设与管理的规范化，提高管理水平。强化自然保护区生态功能。推动自然保护区建设由"数量型"向"质量型"、由"面积型"向"功能型"转变，切实发挥自然保护区在保护生物多样性、提高生态服务功能方面的作用。⑤进一步加强农村环境保护，积极推进生态建设示范工作。以区县、乡镇、村级生态建设示范工作为载体，整体推进郊区生态环境质量改善，深化畜禽养殖和水产养殖污染治理；减少化学农药施用。通过测土配方施肥、推广生物防治技术、物理防治技术和精准施药技术等措施逐步减少化学农药使用量；继续开展农村环境综合整治。重点加强农村污水和生活垃圾治理，解决一批农村环境问题。针对农村旅游快速发展带来的环境问题，采取措施，引导农村旅游、休闲与环境保护和谐发展；深入开展土壤污染调查等基础工作，全面掌握本市土壤环境质量状况，逐步建立土壤污染防治机制。

（3）在野生动植物保护方面，一定要坚持"全面、和谐、可持续发展"原则，统筹兼顾对野生动植物的生态需求、资源需求、人文需求等，把野生动植物纳入经济社会可持续发展和人与自然和谐发展统一体中统筹考虑。野生动植物是我国的战略资源，它不同于矿藏、土地和木材等资源。野生动植物资源兼具三种特性、一大特点。三种特性是生态功能、物质资源和遗传基因，一大特点是具有可再生性。野生动植物这种特性，具有十分重要的生态作用，是人与自然和谐发展的保障；科学培育和合理利用野生动植物资源，是保证经济社会全面、协调、可持续发展的物质基础；保存野生动植物的遗传基因，发展野生动植物文化，是关系到中华民族生存、丰富中华文化的大事。正因为野生动植物资源具有的这些其他资源没有的重要特性，更要求我们坚持以科学的发展观指导野生动植物的保护、培育和利用工作，正确认识野生动植物在维护自然生态平衡中的基础作用，正确认识野生动植物资源在国民经济发展中的重要地位，正确认识野生动植物蕴藏的巨大社会文化潜能，正确处理野生动植物资源保护、发展和合理利用之间的关系，真正实现野生动植物的可持续发展。同时，要看到野生动植物保护、利用的科技性很强，保护和利用的难度都很大，且培育周期长，要有长远的眼光，搞好了潜力很大，搞得不好还会失去生态平衡，带来更大的灾难。因此，必须坚持正确处理资源保护、培育和合理利用的关系，在保护中开发，在开发中保护，走全面、协调、可持续发展的道路。在保护中开发，首先要求我们必须切实加强对野生动植物资源的保护，防止保护不当造成物种灭绝、基因丧失和自然生态环境恶化，否则，其损失将无法挽回，更谈不上开发。因此，对野生动植物资源的开发，必须以野生动植物资源得到良好保护为前提，充分发挥野生动植物的生态效益，采取严格措施防止物种灭绝和基因资源丧失，才能以科学、适当的方式对野生动植物资源加以开发。在开发中保护，则要求我们在正确认识野生动植物资源特点的基础上，改变单纯保护、片面保护的观念，大力推动资源培育，科学合理地对资源加以开发利用，造福人类。如果我们放弃对资源的培育和科学合理的开发利用，固守单纯的保护方式，人类对野生动植物资源的经济需求、社会需求得不到兼顾，不但是对野生动植物资源的极大浪费，保护事业也将无法与社会经济、群众利益有机地结合起来，保护事业的发展也将失去应用的活力和动力。

第三章
北京农村生态产业发展研究

【摘要】生态产业，是继经济技术开发、高新技术产业开发发展的第3代产业。生态产业是包含工业、农业、居民区等生态环境和生存状况的一个有机系统。通过自然生态系统形成物流和能量的转化，形成自然生态系统、人工生态系统、产业生态系统之间共生的网络。都市型现代农业、生态旅游业、文化创意产业、现代服务业均属于生态产业。在农村或城市郊区，要积极发展生态产业，充分发挥其生态功能，为城市居民创造更为低碳、绿色、环保的生产生活环境，提供更多更好的安全优质的生态产品，为建设"绿色北京"做出贡献。

【关键词】现代服务业　生态旅游业　都市型现代农业　北京农村

一、北京都市型现代农业发展问题和对策

都市农业是城市化发展到一定阶段的产物，都市型现代农业是都市农业发展的高级阶段。是适应大都市消费需求，科技高含量、功能多样化、产业融合广、生态效益显著的现代农业。北京都市型现代农业是一、二、三产业相融合的产业体系。北京发展北京都市型现代农业，必须在进一步调整和优化产业布局、提高产业化、组织化水平，促进产业融合、创新品牌建设等方面有所突破。建设都市型现代农业，是北京市今后一个时期发展的基本方向。对此，我们应有全面的理解和把握，以高度的责任心和紧迫感，建设好北京都市型现代农业，进一步开拓京郊农业新功能，增进产业融合，推进城乡互动发展，加快社会主义新农村建设进程，为努力构建社会主义和谐社会首善之区的战略目标做出贡献。

（一）都市农业的地位和功能

1. 都市农业的含义　尽管都市农业的概念的提出是在 20 世纪 70 年代，但早在 50～60 年代，随着城市的发展，在美国等发达国家就出现了都市农业的理念和做法。我国学者对这一概念的引入是在 20 世纪 90 年代后期，比较公

认的理解是"地处城市郊区（或者近郊）的农业以及由于市区扩展而划入市区的农业"[①]，"是指处在大城市边缘及间隙地带，依托大城市的科技、人才、资金、市场优势，进行集约化农业生产，为国内外市场提供名、特、优、新农副产品和为城市居民提供良好的生态环境，并具有休闲娱乐、旅游观光、教育和创新功能的现代农业"[②]，它"包括城市内镶嵌插花状的小块农田、庭院和阳台绿化，也包括城乡结合部的近郊农业，还包括远郊，甚至环大都市经济圈在内的适宜大都市市场需求的农业"[③]。从中国期刊网上收录的数百篇文章来看，绝对多数定义或理解都在上述范围内。

都市农业是城市化发展到一定阶段的产物，是农业和城市发展关系的反映。从我国的情况看，农业和城市的关系呈现出三个阶段：

一是城郊农业阶段。这是单一的农业为城市服务阶段。城市的发展，需要周边地区为其提供鲜活农产品和初级加工农产品，于是，城市郊区的农区农业，就演变为城郊农业，郊区的大小，一般以城市的需要为标准。世界各国不乏随着城市的扩大而不断扩大所辖郊区范围的例子。在城市郊区，农业产业的分布呈"屠能圈"状分布，不同的圈层具有不同的服务于城市的功能，但主要是农产品供给。在这一阶段，城市外延性扩张的势头强劲，没有能力为农业的发展提供支持，农业与城市的交流主要在产品和市场方面，农业自身的发展能力也较弱。

二是都市农业阶段。城市发展到一定程度后，对农业的发展提出了更高的要求，即不仅仅是充足的鲜活农产品，还有提供优美的生态环境、休闲娱乐、回归自然和获得农耕文化知识的场所，城市对农业的需求更高了，同时，城市也可以为农业的发展提供技术保障和一定的资金支持。在这一阶段，由于城市居民收入的提高，城市对农产品的要求，不仅是充足的农产品供给，还有较高的安全性和可选择性，而从总体上看，主要农产品的数量供给已经基本得到保障，城市居民更多的是对农产品的质量、品种、安全等方面的需要。农业区域的范围也由原来的郊区扩展到了城市能够影响的周边地区，即城市化地区，农业产业的分布呈为：休闲、娱乐功能的产业距离城区一般较近，而提供产品功能的产业距离城区一般较远。

三是都市型现代农业阶段。到了这一阶段，城乡关系发生了重大变化，城市工业已经形成完整的体系，有能力对农业进行反哺，以财政、金融、科技为主要内容的农业支持体系日臻完善，农业的自我发展能力和盈利水平大大上

---

① 张强：《都市农业发展的社会学意义》，《中国农村经济》，1999年第11期。
② 宋金平：《北京都市农业发展探讨》，《农业现代化研究》，2002年第5期。
③ 俞菊生：《都市农业的理论与创新体系构筑》，《农业现代化研究》，1999年第7期。

升。由于城市发展的需要，农业区域的范围扩大到整个都市圈，而不仅仅局限于原来的行政区划，并成为城市的一个重要组成部分。现代科学技术成果在农业上得到了广泛的应用，在整个农业生产经营的全过程中，普遍采用现代育种、栽培、饲养、土壤改良、植物保护等农业技术，现代科学的尖端技术如电子、原子能、激光、遗传工程等成为农业发展的重要支撑；基本上实现了农业生产全过程的机械化，现代化温室、喷灌、滴灌等设施和技术得到了普遍应用，并成为吸引城市居民参观和游览的重要景观。农产品本身不仅仅是能够吃得饱、吃得好的食物，还是城市居民不可多得的观赏品。

从时间上看，20世纪90年代中期之前，北京和其他城市一样，实施"菜篮子"工程，农业的目标主要是满足城市居民以蔬菜为主的主要农产品供给，即城郊农业阶段；20世纪90年代中期至2005年底，农业作为"菜篮子"的任务已经完成，外埠蔬菜大量进入北京市场，郊区农业进入了艰难的结构调整阶段，并逐渐形成了以安全、优质、高效为特色的发展格局，这一阶段属于都市农业阶段；2005年12月29日，十届全国人大常委会第十九次会议通过了废止农业税条例的决定草案，以此为标志，我国农业的发展进入了"多予"——工业反哺农业、城市带动乡村阶段，农业的发展逐步与城市经济融合在一起，为适应国际化大都市发展的需要，北京的农业也开始进入了都市型现代农业发展阶段。可见，都市型现代农业是都市农业的高级阶段，是用现代科学技术装备起来的农业，是城市高度发展、城乡一体化、城乡融合条件下的农业形态，是城市体系下的农业形态（图3-1）。

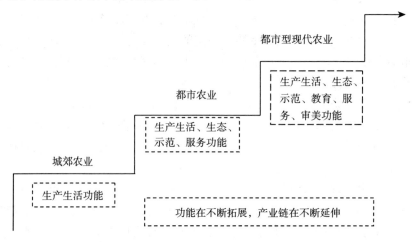

图3-1　都市农业和生态旅游产业融合示意图

2. 北京都市农业的地位　自20世纪60年代以来，随着工业经济的迅猛发展和城市化进程的不断推进，随之而来的人口资源分布的改变使人类面临着一系列最紧张的问题，如热岛效应、酸雨、空气污染以及人类远离自然产生的心理失衡等。与此同时，城市扩张的"极化"效应导致了农业要素的流失、农业的衰退、农村的贫困及城市农业用地减少、生态系统失衡等问题，从而使人口、资源、环境和发展之间出现了一系列前所未有的尖锐矛盾。面对如此严峻的现实，人类开始重新审视自己的社会经济行为，深刻反思传统的发展观、价值观、环境观和资源观，试图寻找出一条冲破昔日牺牲生态环境、盲目追求经济增长樊笼的途径，既能使城市稀缺的水、土资源得到合理利用，使植物和动物养分资源能可持续利用，又能促进城市生态环境的改善，于是，人们把关注的焦点转向了都市农业。

（1）都市居民呈现多样化的需求。随着经济发展水平的提高，人们的需求存在一个升级的过程。在人们的基本生活需要得到满足以后，随着收入的提高、闲暇时间的增加、各种物质条件和交通条件的改善，对生活质量和生存环境提出了更高的要求。一方面，生活在城市中的人们需要农业能够提供新鲜安全的食品、优良美好的环境；另一方面，人们呼吁延伸农业功能，发挥农业生态功能，为城市人们离开大城市，回归大自然，欣赏田园风光，享受乡村情趣，体验农业文明创造条件。都市农业正是适应这种需求变化而兴起的。

（2）城市生态环境日益恶化。近年来，随着现代城市的扩张和空间组织结构的变化，都市生态环境日益恶化，表现为：①排放污物的增加，导致生态承载力降低。高消耗换来的高增长，必然是高排放和高污染。农业环境受到水土流失、荒漠化、全球气候变化、酸雨、自然灾害等一系列大环境背景因素的困扰，对农业的稳定发展构成了巨大威胁。②农业环境质量受到自身污染问题的困扰。中国是目前世界上化肥、农药、配合饲料、地膜等用量最多的国家，畜牧业与农产品加工业正在迅猛发展，农业自身污染的潜力和风险很大。③工业的快速发展和城市的扩张，使大量的农田变为非农业用地，农业在大城市中被吞没、被废弃。这样做的结果是带来建筑过密，空间和绿地过少，生态系统严重失调，直接危害到人类的生存和发展，于是人们认识到，要改善城市环境，推进城市化进程就必须对大中城市周围自然资源、环境资源以及城市市场资源进行综合开发利用，于是就提出了建设"有农的"城市，呼吁延伸农业的多功能，发展都市农业。

（3）资源短缺且循环率较低。中国城市人口众多，资源占有量严重不足。自然资源对经济发展的约束不仅表现在资源低的占有量、高的消耗量，还表现为资源循环利用的低效率。中国资源不仅浪费严重且综合利用率低。因此，许多可以重新利用的资源被当成了废弃物。更为令人担忧的是，随着今后城市建设用地、生态用水等需求的增长，农业水土资源还将进一步短缺化，水土资源短缺成为制约都市农业可持续发展的基础因素，将会长期困扰我国农业的发展。

（4）基于低碳经济理念，建设低碳城市的要求。北京作为中国的首都、国际化的大城市，都市农业自然走在全国之前列。在全市经济总量中，农业增加值仅占1.3%；农业从业人员62万人，仅占全市从业人员的7%。无论是绝对数还是相对值，都是少数。但是应当看到，在工业化、城市化高速发展的进程中，农业不可替代的地位不仅没有降低，而且愈发重要。从首都经济发展的角度看，城乡产业依存度增强，城市对农产品的数量要求越来越大，品种要求越来越多，质量要求越来越高，农业承担的食品供给、健康营养和安全保障等任务越来越重；城市休闲产业正在向农业转移，农业观光、农村度假已经成为全市旅游业的重要组成部分，所占比重正在逐步提高。从城市功能的角度看，宜居城市是北京的重要定位，宜居离不开生态，都市型现代农业正是以保护生态为前提，与构建宜居城市的要求是一致的。从以人为本的角度看，发展现代农业既能满足生产者的增收愿望，又能满足消费者的各种需求，沟通了城乡，促进了和谐。由此不难看出，农业虽是统计中的少数，但绝不是可有可无的少数。

据测算，2010年北京市都市型现代农业生态服务价值贴现值为8 753.63亿元，比上年增长1.8%，年产出价值3 066.36亿元，比上年增长3.1%。北京都市型现代农业价值构成中，直接经济价值为348.83亿元，占总价值的11.4%，比上年增长4.1%。间接经济价值为1 002.75亿元，占总价值的32.7%，比上年增长7.2%。生态与环境价值为1 714.78亿元，占总价值的56.9%，比上年增长0.6%（表3-1）。

表3-1 2010年北京都市型现代农业生态服务价值构成（亿元）

指标名称	年值			贴现值		
	2010年	2009年	增长（%）	2010年	2009年	增长（%）
都市型现代农业生态服务价值	3 066.36	2 974.82	3.1	8 753.63	8 596.81	1.8
一、直接经济价值	348.83	335.15	4.1	348.83	335.15	4.1
1. 农林牧渔业总产值	328.02	314.95	4.2	328.02	314.95	4.2
2. 供水价值	20.81	20.20	3.0	20.81	20.20	3.0
二、间接经济价值	1 002.75	935.03	7.2	1 002.75	935.03	7.2
1. 文化旅游服务价值	432.45	379.26	13.9	432.45	379.26	13.9
2. 水电蓄能价值	3.30	3.32	−0.6	3.30	3.32	−0.6
3. 景观增值价值	567.00	552.45	2.6	567.00	552.45	2.6

（续）

指标名称	年值			贴现值		
	2010 年	2009 年	增长（%）	2010 年	2009 年	增长（%）
三、生态与环境价值	1 714.78	1 704.64	0.6	7 402.05	7 326.63	1.0
其中：气候调节价值	564.54	558.02	1.2	1 891.34	1 864.59	1.4
水源涵养价值	227.99	223.72	1.9	1 373.39	1413.73	−2.9
环境净化价值	131.58	135.60	−3.0	854.98	855.76	−0.1
生物多样性价值	633.50	631.17	0.4	2 187.90	2 168.96	0.9
防护与减灾价值	143.49	143.12	0.3	158.69	158.05	0.4
土壤保持价值	1.33	1.13	17.8	7.33	6.96	5.3
土壤形成价值	12.34	11.88	3.9	259.14	249.42	3.9

资料来源：北京统计局、国家统计局北京调查总队，2012。

随着经济总量的扩大，首都经济发展呈加速趋势，2009 年人均 GDP 将超过 10 000 美元，城镇居民人均可支配收入超过 20 000 元，消费观念、消费结构正在发生显著变化，亲近大自然、放松心情正在成为人们休闲度假的首选，特色优质安全农产品越来越受到人们的青睐。由此给北京农业带来的直接影响是，农业价值不仅体现在经济层面，满足人们"胃"的需求，而且体现在社会层面，其生态服务、生活参与的隐性价值也开始显现，满足人们肺、眼、脑的需求。研究显示，2007 年，农业生态环境服务价值为 5789.03 亿元，占总价值的 94.0％，比上年增长 5.2％。构成农业生态环境服务价值的三大生态系统中，森林为 5 596.91 亿元，占农业生态环境服务价值的 96.7％；农田为 174.85 亿元，占 3.0％；草地为 17.27 亿元，占 0.3％。农业的社会价值通过各种途径显现，农业科技园区成为中小学生教育基地和科研示范窗口；农业观光采摘园使越来越多的城镇居民享受丰收的喜悦。通过科技手段的应用，农产品的质量不断提高，其经济价值也不断提升。在拍卖活动中，一个西瓜卖到 19 000 元，一个大桃卖到 6 800 元，一个苹果卖到 66 000 元，一条鱼卖到 236 000 元……从过去角度看，农产品的价格与价值确实发生了背离；但从未来角度看，正是这种背离使我们看到农业的多元功能，它不仅能够满足人们的生理需求，而且能够满足人们的心理需求。实践证明，随着生产力的发展，随着城市功能的延伸，随着不断增长的消费需求，农业的隐性价值将会不断显现，而且不断增值（图 3－2）。

北京农业环境优势得天独厚。其一，市场需求旺盛。2006 年，全市农副产品需求量超过 800 亿元，特别是北京拥有潜力巨大的高端消费市场，为都市

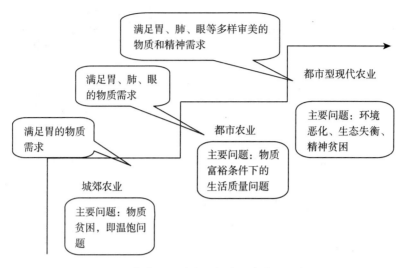

图 3-2 都市型现代农业的产生和发展示意图

型现代农业发展创造了广阔空间。其二，科技资源丰富。中央在京农业科研单位有 25 家，全国 18 个国家重点农业实验室 11 个在北京，市农业科研单位也有 44 家，农业科研人员达 2 万人。其三，政策支持强劲。市委、市政府高度重视都市型现代农业发展，出台了一系列政策措施，部门联动、政策集成的机制已经确立。2006 年市财政对"三农"的投入达到 111.8 亿元，农村的基础设施和公共服务不断改善。2009 年全市人均 GDP 突破 10 000 美元，工业反哺农业、城市支持农村的能力进一步增强，居民到郊区消费的比重也越来越大。

总之，发展都市型现代农业，是首都经济可持续发展的必然要求，是首都城乡和谐的必然条件，是服务首都、富裕农民的必然选择。

3. 北京都市型现代农业的主要功能　从生产者角度看，都市型现代农业要为生产者带来稳定的高收入。都市型现代农业是经济社会发展到城乡融合新阶段的产物，在这一农业形态下，农民不再是弱势群体，农业不再是弱质产业，农民能够获得与其他产业平均的利润，甚至高于其他产业，农民成为其他阶层所羡慕的群体。都市型现代农业的劳动生产率、土地生产率、资金生产率都达到了前所未有的高度，这是农业劳动者获得高收入的基础和保障。当然，这一结果，是城乡非农产业高度发展所带来的，是城市高度发展以后所必然要求的城乡融合所带来的。在这一背景下，农村劳动力都能够充分就业，乡村的生产性和生活性基础设施完善，农业的生产经营能够充分利用现代科学技术、现代市场体系和现代经营方式，农业就业者不超过全部农村劳动力的 5%。

从消费者角度看，都市型现代农业要为消费者提供安全、优质、功能化、多样性和个性化的农产品，提供美好的生活环境，是城市居民旅游、观光、体验、文化、休闲的场所。首先，在北京市居民中，相当一部分是高收入阶层。这部分消费者对高档农产品具有极大的消费能力。这就要求都市型现代农业所提供的农产品不是一般的农产品，一般的粮食、蔬菜等农产品周边地区就可以提供。比如，北京市就可以依靠山东、河北、内蒙古等省（自治区）提供充足的一般农产品的供应，本市的耕地则主要用来提供安全、优质、功能化、多样性和个性化的农产品，这样的农产品科技含量高，而北京作为首都和国家的科技中心，能够支撑高科技农产品的生产。同时，这类农产品对全国农业的发展也具有示范效应。其次，北京市的人均 GDP 已经超过 9 000 美元，城镇居民人均可支配收入超过 2 万元人民币，这就决定了北京市城区居民不仅要求农业提供高质量农产品，更重要的还有在现代文明中对代表中国数千年传统的农耕文化的眷恋以及对与城市狭小空间完全不同的田园生活的向往，这就催生了高档的农业旅游。农业的功能也更多地体现在休闲、娱乐、教育、文化、观光、体验等方面。再次，单调的城市生活需要农业的点缀才能显现出勃勃生机。从这一点看，城市对农业的需求包括三个层次：①城市居民家庭对鲜花、绿植、宠物的需求；②城市绿化对林、草、花等产业的需求；③城市发展对郊区农业通过时间和空间合理布局后形成的马赛克景观的需求。最后，在某种意义上讲，城市的发展是对生态环境的一种破坏，它打破了原来的生态平衡，而郊区农业的发展则能够起到维系这种平衡的作用。

北京的都市型现代农业，是与首都功能定位相契合，以市场需求为导向，以科学发展理念为指导，以现代物质装备和科学技术为支撑，以现代产业体系和经营形式为载体，以现代新型农民为主体，融生产、生活、生态、示范等多种功能于一体的现代化大农业系统，目标是形成优良生态、优美景观、优势产业、优质产品。

与传统农业相比较，都市型现代农业具有一些突出特点：一是发展导向的差异性。传统农业侧重于以生产者为出发点，都市型现代农业则更加突出了满足城市发展要求和市民消费需求的导向，进而提高经济效益、实现农民增收。这种发展导向连接了城乡，拉动了消费，促进了生产。二是农业功能的多样性。传统农业主要是满足食品需求，体现的是生产、经济功能，而都市型现代农业除生产、经济功能外，同时具有生态、休闲、观光、文化、教育等多种功能。而且，随着工业化、城市化的进程，都市型现代农业的生态、生活功能将会日益突出和强化。三是产业之间的融合性。传统农业是封闭循环的产业，都市型现代农业是开放循环的产业。经济社会发展，城乡要素流动，第一产业必然向第二、三产业延伸，第二、三产业自然反哺农业，这种你中有我，我中有你的产业互促，恰恰是都市型现代农业的重要特征；发展都市型现代农业，必须发挥首都科技、人才、信息、市场和资本方面的优势，整合资源，扬长避短，走可持续发展的道路。发展都市型现代农业，关键是要着力开发农业的多种功能，向农业的广度和深度拓展，促进农业结构不断优化升级，实现质量和效益的共同提高。

（1）生产功能。生产功能是农业的基本功能，是都市型现代农业的产业基础。开发生产功能的核心是提高经济效益、促进农民增收，突破口是发展籽种农业。北京是全国种质资源中心，育种机构众多，每年新育成各类作物品种400个左右，建有我国唯一的肉用种鸡原种场，拥有我国唯一自主知识产权的蛋鸡品种，鲟鱼和虹鳟鱼良种繁育水平全国领先，其中鲟鱼种苗在全国市场占有率达到70％以上。发展籽种农业正是扬北京科技资源之长，避土地少、成本高之短的正确选择。

（2）生态功能。北京是近1 600万人口的特大型城市，面临最直接的挑战就是在资源有限的情况下，实现可持续发展。农业是可持续发展的基础产业，它既有生态修复的作用，又为资源循环利用提供可能。具体实现形式就是开发生态功能，发展循环农业，实现资源循环、能源循环、产业循环。注重资源化，充分利用各种废弃物，最大限度地向能源转化，如发展沼气、秸秆气化和生物质能燃料。注重减量化，发展喷灌、微灌等节水设施，扩大中水回用，减少农业耗水量。注重再利用，节约使用生产资料，提高农业设施、设备的重复使用率。注重生态效益，采取适宜品种和技术实现耕地的四季全覆盖。

（3）生活功能。到农村旅游观光、休闲度假、了解农业知识、体验农耕文化，在人均GDP9 000美元的阶段，已经不再只是一种时尚，而是一种生活需求。农业已经不仅是农民赖以生存的基础，而且是市民生活不可缺少的一部分。目前，北京农业观光园已发展到1 230个，观光采摘年收入达10.5亿元以上。发展休闲农业，既满足市场消费需求，又实现农民增收愿望。对于消费者来说，都市农业既要有赏心的自然氛围，又要有悦目的田园景观，既能驻足观看，又可亲身体验，寓健身于劳动之中，益醒脑于休闲之间。加上健康的有机农产品供应，消费者将获得全面的"丰收"、充分的享受。

（4）示范功能。北京有很好的农业科技资源，理应在发展现代农业中起示范带动作用，这是北京的功能定位所致，是首都农业的责任。要超前发展精准农业，围绕新品种、新技术和新装备的应用，加快精准农业的推广和普及，最大程度地节约资源，提供满足市场需求的高品质农产品。要大力发展创意型农业，要搞好农产品的文化注入，面对高端消费群，完成农产品的工艺化过程，提高农产品的观赏性和附加值。要发展体现先进技术与经营理念的农业科技园，如锦绣大地、小汤山农业园、顺义"三高"、朝阳蟹岛、世界花卉大观园等，在生产高品质农产品的同时，成为现代农业的示范窗口（表3-2）。

表 3 - 2 都市型现代农业功能的具体表现

主要功能	具体功能	功能内涵
经济功能	鲜活供应功能	都市农业充分发挥其交通便利、就近生产、及时供应的特点，为都市市民提供基于科技服务和设施农业保障的有机和无土栽培的安全、鲜活的蔬菜、瓜果、花卉和特种畜禽水产等农副商品及绿色、有机和功能性保健食品
	出口创汇功能	都市农业依托大城市优越条件，冲破地域界限，实现与际大市场接轨的大流通、大贸易格局，加快农副产品国内、国外的流转创汇增值，提高农业附加值
社会功能	稳定社会功能	都市农业具有"社会劳动力蓄水池"和"稳定减震器"的作用，对社会的稳定发展及对城市居民的就业和发展都有重要作用
	观光休闲功能	在都市农业区内开发观光农业、休闲农业等农业旅游项目，既可以让市民体验农耕和丰收的喜悦，增进情感和健康，也可展示农业文化，丰富都市居民休闲生活的内容，并提高农业效益
	教育文化功能	在都市区域内开辟市民农园、农业公园、农业科技园区等，让市民及青少年进行农技、农知、农情、农俗、农事教育，使他们在回归自然中获得一种全新的生活乐趣
	辐射带动功能	都市农业借助都市科技、物质及人才优势，率先实现农业现代化，起到示范、展示、辐射及带动作用
生态功能	生态平衡功能	都市农业作为都市生态系统的重要组成部分，对保护生态环境，涵养水源，调节气候，减少污染，改善城市环境质量有着重要作用
	美化城市功能	主要指通过在都市栽植树木、栽培花卉、应用草坪、创立公用绿地及建设环城绿化带所带来的美化效果，建立人与自然、都市与农业高度统一和谐的生态环境
	防御灾害功能	都市农业在城市中预留的农田在灾害发生时能起到减轻灾害的作用，即使发生灾害，农地也可用作暂时的避难所

资料来源：关海玲，陈建成.2010.都市农业发展理论和实证研究.北京：知识产权出版社。

（二）北京都市型现代农业发展现状

都市型现代农业是首都经济的重要组成部分。北京市围绕社会主义新农村建设，确立都市型现代农业发展战略以来，郊区农业以服务首都为出发点，以富裕农民为落脚点，注重发挥科技、人才、信息、市场、资本等优势，面向首都市场，调整优化产业结构，开发农业的多种功能，取得了积极进展，北京农业进入都市型现代农业发展阶段。

2006 年是加快北京城郊型农业向都市型现代农业转变，全面开发农业生产、生活、生态、展示四种功能，发展籽种、休闲、循环、科技 4 种农业的第一年。围绕都市型现代农业发展，市农委会同市发改委、市水务局等部门共同搭建了政策集成平台，各部门积极行动，集成资金，相继出台一系列都市型现代农业的扶持政策，先后制定了《关于发展都市型现代农业的政策意见》、《关于扶持北京市农业产业化重点龙头企业发展的意见》等多项政策性文件，有力地促进了都市型现代农业发展。2007 年北京市进一步推进社会主义新农村建设，积极发展都市型现代农业。重点发展籽种农业、休闲农业、循环农业和科技农业，发挥农业多功能性，探索出走廊经济、沟域经济、园区经济、林下经济、主题公园等新模式，加快一产向二、三产业延伸。市农委、市农业局、市园林绿化局等部门研究提出了本市第一个关于农业产业布局的指导意见（京政农发〔2007〕25 号），提出了构建都市型现代农业布局基本框架，推进了农业布局调整，引导特色主导产业向区域化、规模化、集约化发展。通过调整产业布局，优化产品结构，实现北京都市型现代农业"生态、安全、优质、集约、高效"发展。2008 年按照全市农村工作会议总体部署和"两委"工作安排，围绕服务奥运、提升产业、促进农民增收等中心任务和工作重点，各部门在抓好北京奥运服务保障工作的同时，继续大力推进都市型现代农业发展。提出加强农业和粮食生产、大力发展设施农业、加强农产品质量安全等方面的政策措施，有力地推动了北京市都市型现代农业的发展。2010 年，北京市农林牧渔业产值达到 328.0 亿元，是 2005 年 240.2 亿元的 1.37 倍，5 年平均增长7.4%（表 3 - 3）。

表 3 - 3　1978—2010 年北京市农林牧副渔总产值（亿元）

年份	总计	农业	林业	牧业	渔业	服务业
2006—2010	1 459.4	648.4	87.1	643.7	51.5	28.7
2006	240.2	104.5	14.8	105.1	9.8	6.0
2007	272.3	115.5	17.8	122.4	10.1	6.5
2008	303.9	128.1	20.5	140.5	9.8	5.0
2009	315.0	146.1	17.2	136.1	10.3	5.3
2010	328.0	154.2	16.8	139.6	11.5	5.9

北京都市型现代农业经过十几年的发展，取得了巨大成绩。北京市重点发展了设施农业、观光休闲农业、特种种植与养殖业、农业科技园区、加工农业

和创汇农业。

1. 设施农业　为抵御各种自然风险，实现农业增效、农民增收，北京市政府从 1995 年开始，每年拨专项资金扶持设施农业发展。按照农民建一栋温室，市政府补贴 2 000 元、区政府补贴 1 000 元的政策，拉动设施农业的发展。自 2005 年之后，北京设施农业面积迅速扩大，2010 年北京市设施农业扩展到 3.7 万公顷（图 3 - 3）。

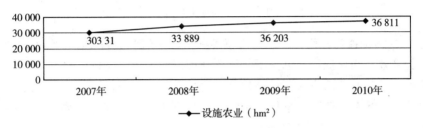

图 3 - 3　北京市 2007—2010 年设施农业发展状况（hm²）

资料来源：北京市统计年鉴，2011。

2. 观光休闲农业　近年来，北京市观光休闲业发展迅速，观光收入和接待人次逐年提高，其主要形式有民俗旅游、观光果园、垂钓园、观光农园等，其中民俗旅游和观光果园发展迅速。2010 年，北京郊区以创意农业为核心、以民俗旅游为亮点的第三产业在国家扩大内需方针的刺激下得到进一步发展。农业观光园收入从 2005 年 78 810.0 万元增长到 2010 年的 177 958.4 万元，年均增长 25.16%；民俗旅游总收入从 2005 年的 31 402.0 万元增长到 2010 年的 73 471.6 万元，年均增长 26.79%；种业总收入从 2005 年的 59 370.9 增长到 2010 年的 145 734.1 万元，年均增长 29.09%；设施农业总收入从 2005 年的 186 214.9 增长到 2010 年的 407 236.6 万元，年均增长 23.73%（表 3 - 4、图 3 - 4）。

表 3 - 4　北京市农业观光园、民俗旅游、种业和设施农业总收入（万元）

年度	2005 年	2006 年	2007 年	2008 年	2009 年	2010 年
农业观光园收入	78 810.0	104 929.4	131 492.3	135 807.8	152 434.3	177 958.4
民俗旅游总收入	31 402.0	36 544.7	49 550.4	52 914.4	60 895.4	73 471.6
种业收入	59 370.9	77 459.9	99 132.8	109 343.5	128 410.7	145 734.1
设施农业收入	186 214.9	211 092.2	281 238.7	281 654.3	339 094.0	407 236.6

资料来源：北京市统计年鉴，2011。

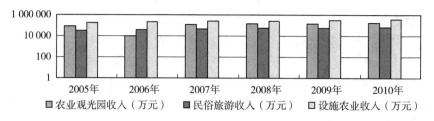

图 3-4 北京市观光农业、民俗旅游、设施农业发展示意图

资料来源：北京市统计年鉴，2011。

3. 特种种植与养殖业 北京市特种种植、养殖产业自 1998 年以来发展迅速，经济效益明显提高，创立了一批体现都市型现代农业特色的农业精品、农业品牌。目前，北京市农业精品数量已达数千种，其中较知名的有"大兴庞各庄西瓜"、"怀柔板栗"、"平谷大桃"、"昌平苹果"、"顺鑫牌"蔬菜、"华都肉鸡"、"延庆扁杏"、"门头沟妙樱牌樱桃"、"密云黄土坎梨"、"房山磨盘柿"、"通州葡萄"等。扩大了北京市都市型现代农业"名、特、优、新"农副产品的市场知名度，提高了农民的品牌意识。

4. 农业科技园区 据相关资料统计显示，到目前为止，北京市共有各类农业科技园区 375 个，占地总面积达到 23.5 万亩，总投资达 42.3 亿元，固定资产达 34.4 亿元，从业人员 3.4 万人，年产值达 38.4 亿元，利润 16.6 亿元，税金 1.4 亿元，辐射带动农户 9.4 万户。其中，北京小汤山现代农业科技示范园有限公司被批准为国家级农业科技示范园区；科技部在京郊建立工厂化高效农业示范区 6 个（即顺义"三高"、通州宋庄、大兴长子营、房山韩村河、朝阳的朝来农艺园和王四营示范区）；市级农业科技园区（市科委批准）25 个，北京的农业科技园区主要集中在中郊平原和远郊山区。

5. 加工业和标准农业 近几年来，北京市坚持发展农业龙头企业，用标准化指导农业生产，推进了品牌产品的开发，提升了农业生产层次。全市规模以上农产品加工企业 61 家，2006 年农产品加工企业共加工各类农副产品 90 多万 t，实现产值近 50 亿元、实现利税 3.28 亿元，制定了柑橘等一批农产品生产技术标准，全市有近 30 件农产品商标在国家工商总局注册，9 个绿色食品原料基地和 28 个绿色产品获国家认证，农民人均纯收入连续三年以年均 8% 以上的速度增长，2006 年达到 4 300 元。

6. 出口创汇农业 发展出口创汇农业是都市型现代农业的一个显著特征。为抢占国际、国内高端市场，按照农产品出口供货额 3% 的奖励政策，北京市政府大力扶持发展出口创汇农业。2004 年北京市农副产品出口额达到 5 亿美元，农副产品出口额年均递增 13.83%。北京市及各区县、农业发展圈的农产品出口创汇额持续增长，其中海淀、朝阳、丰台等近郊农业圈的农业出口能力强于其他地区，如 2004 年近郊农业圈的出口创汇额占全市总额的 64.15%，优势非常明显。

7. 农业标准化体系和农产品质量安全体系建设　2006 年，全市新建农产品标准化生产基地 181 家，累计达到 1 020 家，提前完成了市政府建设 1 000 个农业标准化生产基地的任务；新增绿色农产品认证 11 个、有机农产品转换期认证 117 个，全市绿色食品和有机食品企业总数由 2005 年底的 94 家增至 222 家，产品也从蔬菜、果品、杂粮拓宽至畜禽产品、乳制品、蜂产品及冷冻饮品等行业，绿色食品和有机食品产量（初级产品）由 2005 年的 20 余万吨增长至 48.4 万吨。2007 年农业标准化体系和农产品质量安全体系建设全面加强。截至 2007 年底，市级农业标准化生产示范基地达到 1 020 家，503 个农业生产单位获得无公害农产品认证，222 家农业生产单位获得有机农产品转换认证。农产品注册商标达 2 716 件，其中"平谷大桃"等 6 种特色农产品获得地理标志。2008 年全市共有 562 家企业的 1 023 个产品获得了无公害农产品认证；62 家企业的 351 个产品获得了绿色食品认证；415 家企业的 1 765 个产品获得了有机食品认证和转换期认证。

2006 年市政府初步建立北京市蔬菜质量安全追溯系统，在全市 20 家蔬菜加工配送企业推广应用质量安全追溯标识，覆盖生产基地面积 12 万亩。2007 年初，结合奥运食用农产品安全管理的需要，又开始了畜禽类产品追溯系统的设计以及所有供应奥运农产品的进村检验、关键环节的视频监控、运输车辆的实时路线温度湿度的监控设计与运行，2008 年进一步扩大追溯试点范围和企业数量，先后完成了 30 家新增追溯试点企业的设备发放及操作培训工作。蔬菜新增 15 个试点单位，水产品新增 15 个试点单位。截至 2008 年年底，全市追溯试点企业已达到 126 家，其中，果蔬类 85 家、水产类 28 家、畜禽类 13 家。通过建立产品追溯制度，有效界定了产品质量的安全责任，丰富了政府监管部门的管理手段，提高了农产品质量管理水平。

（三）北京都市型现代农业发展建议

1. 调整优化都市农业产业布局和结构　2008 年北京 GDP 总量为 10 488 亿元，人均 GDP 为 9 075 美元，已达到中等发达国家水平，农业发展新阶段面临的主要问题是环境资源和水资源的制约。应在充分发挥最佳资源条件、区域比较优势和满足市场需求的基础上充分体现科学性原则，与"221 行动计划"相结合，摸清资源底牌，优化区域布局、产业布局和产品布局，以产业优化布局促进农民增收。近郊区要依托农业资源，发展具有现代气息的园艺型农业，为城市居民提供休闲场所。依托科技优势，生产高附加值的农产品。远郊平原地区和浅山区要加强具有市场竞争优势的大宗农产品生产基地建设，大力发展高端农副产品加工业。山区农业要结合生态涵养，培育农业特色，深度开发农业的生态、生活功能，使其成为首都的生态屏障和城乡居民休闲度假的场所。加强山区生态环境建设，鼓励种草、植树、哺育幼林和封山育林。

2. 大力发展观光休闲和创意农业　按照城乡互动、产业融合的要求，结合本地资源和功能定位，大力开发郊区农业的生活服务功能。近郊区要凭借贴近城区、交通便利、经济实力强和科技资源雄厚的优势，重点发展集景观、科技和休闲为主的园区农业。远郊区（县）要积极鼓励发展融教育、体验、观光和生产于一体的旅游观光农业。要充分利用山区自然风光、自然景观和民风民俗优势，大力发展集农业生产、自然风光、历史文化、休闲旅游于一体的休闲观光农业。

3. 突出发展唯一性特色优质农产品　依据资源和市场情况，结合区域功能定位，适应首都消费市场大、消费层次多、消费水平高的特点，瞄准中高端消费群体，进一步加快实施农产品品牌战略，提升郊区农产品的质量和水平。建设一批优势主导产业带，着力培育一批市场竞争力强的唯一性特色农产品，满足多层次、个性化消费需求，增加农产品附加值。

4. 切实提高农业综合生产能力　一是进一步加强农业配套基础设施建设，改善农业生产条件，提高农业减灾、防灾能力。二是要加快设施农业建设，继续鼓励发展日光温室、联栋温室、大棚、养殖小区、规模化养殖场等设施农业，推进农业集约化生产经营。三是加快农业机械化，突出抓好重点农时、重点作物和关键环节的农业机械以及先进实用农业机械化技术的推广应用，提高劳动生产效率。四是面向国内外两种资源和两个市场，加强与国内外的交流与合作，实施引进来和走出去战略，积极引进新产品、新技术，大力发展出口创汇农业，加快北京农业国际化步伐。

5. 全面提升农产品品质和质量　一是加强以质量为核心的安全农产品生产体系建设，进一步推进农业标准化工作，加快农业标准化生产基地建设，逐步建立科学、完备的农产品质量标准体系，尽快做到与国际标准接轨。二是加快建立和完善市、区（县）两级产品质量检测体系和监督检测制度以及产品质量跟踪、追溯制度。加强 ISO 9000、ISO 14000、HACCP 等管理体系认证以及无公害农产品、绿色农产品、有机农产品等产品的认定和管理工作，积极推进绿色和有机农产品生产。三是积极推进标准化工作由生产领域向加工和流通领域延伸。全面加强动物卫生安全体系建设，强化对养殖、屠宰、运输、市场各环节的监管。通过大力推广优良品种，强化对生产全过程的标准化管理。四是北京都市型现代农业的发展应定位于占领中高端市场，要有一批以品质为基础、受消费者青睐、市场竞争力强的农产品品牌。因此，要以积极抓好都市农业品牌培育和建设为切入点推进都市型现代农业。

6. 有效提高产业化、组织化水平　一是本着扶优扶强的原则，着力培育出一批生产规模大、经营机制好、科技含量高、加工产品精、辐射区域广的龙头加工企业，积极引导龙头企业和农户采取股份制、股份合作制等多种利益联结方式，建立健全平等互利、风险共担的一体化经营机制。促进产业融合，生产、加工、流通紧密结合，提升农业产业化水平。二是多渠道、多形式、多成分兴办和发展多种类型的龙头加工企业和销售企业，提升郊区农业的生产手段和生产、经营方式，提高农业由生产领域向加工、销售领域扩展的能力。三是积极培育和发展以农产品销售、农业生产资料采购和农业科技服务为主的各类专业协会和农民专业经济合作组织。从当前农村经济发展看，农民进入市场需要组织；农民实现利益需要合作；农民增收需要服务，农民合作组织已成为农村经济发展的有效载体，要通过整合市场、科技、信息、资金四大要素，深入探索合作组织的有效模式。

7. 构建农业社会化服务体系　一是本着公益性和经营性服务分开的原则，积极推进农业技术推广机构改革，进一步强化政府农技推广部门的公益性服务职能；鼓励和支持科技人员、科研推广机构以及经营性服务机构开展有偿社会化服务；鼓励和支持龙头企业和农民专业合作经济组织开展行业内部的产前、产中和产后系列化服务；通过多种途径和形式，逐步建立健全高效和富有活力的新型农业社会化服务体系。二是大力推进农业市场化建设。结合首都发展规划，进一步加快完善以农产品批发市场为中心，以集贸市场、零售经营门店、各类专营店和超市柜台为基础，以现代物流配送、连锁经营和电子商务等多种营销方式为手段的农产品现代化流通体系。三是大力开展科技攻关，重点组织开展带有全局性、基础性、关键性的动植物育种技术、病虫害防治、节水节能农业、改土培肥、健康养殖配套技术和水土保持、植被绿化覆盖等涉及农业增产增效和农业生态环境建设等重大科技攻关，为现代化农业生产提供强大技术支持。四是大力推广先进实用技术，充分发挥各级农业技术推广部门的作用，深入推广和普及农业实用技术；大力推进科技应用，要以科技项目为载体，加快农业科技成果和先进技术的应用。五是大力推进农业信息化建设，积极推广电视、电话和电脑"三电合一"的信息服务模式，并重点建立健全农产品市场预警监测系统，开发信息资源，延伸服务网络，做好信息发布工作，为农民提供更加便捷、有效的信息服务。

8. 积极推进农业生态环境建设　高度重视郊区农业在自然生态中的基础功能和作用，加快建设与首都经济社会发展相适应的农业生态系统。一是大力开展绿化美化，进一步调整种植业内部结构，对郊区农田逐步实行园艺化管理，通过发展设施农业和绿化农业，减少裸露农田和扬尘。进一步加强城郊园林和绿地建设，要将郊区不适宜种植农作物的荒滩、荒地纳入绿化美化用地规划。二是减少农业生产排污,进一步加快规模畜禽场粪污治理,减少畜禽养殖对周边大气环境和地下水源造成的污染,加快发展种养连动的生态型生产方式,大力发展循环经济。三是规范农业投入品使用,积极鼓励加工生产和科学使用有机肥,减少化肥用量,培肥地力,降低污染;加强生物天敌保护,鼓励动植物病虫害生物防治,减少农药使用。四是要重点加强山区生态环境建设,改善山区自然植被,保护生物多样性。五是要大力发展节约型农业,在全市范围内大力推广节水型灌溉技术,彻底改变传统灌溉方式,有效节约水资源。大力开发和广泛利用太阳能、生物质能、风能等可再生能源,推广节能技术。

二、北京农村循环农业发展模式创新

随着全球经济增长方式的变化,循环经济已成为农业生产的一种全新的农业发展模式。大力提倡和推广循环农业是最大限度地节约农业资源,实现资源利用效益最大化,减少农业体系污染,发展循环经济的有效途径。循环农业是一种以资源的高效利用和循环利用为核心,以"减量化、再利用、再循环"为原则,以低消耗、低排放、高效率为基本特征的农业发展模式。发展循环农业对缓解资源紧缺和改善生态环境,提高农业综合生产能力,保障农产品质量安全,促进农业增效和农民增收,具有重要意义。

(一)北京农村循环农业主要模式

1. "四位一体"循环农业模式 "四位一体"生态模式即在温室大棚内建造沼气池,大棚的一端建设猪圈养猪,猪的粪污入池发酵产生沼气,沼气可用作照明、炊事、取暖等,沼液、沼渣用作猪饲料添加剂或者蔬菜的有机肥料,而猪的呼吸、有机物发酵还可以为蔬菜提供二氧化碳气肥,促进光合作用。整个系统由沼气池、猪舍、厕所和日光温室组成,故称"四位一体"模式。该模式以沼气为纽带,种植、养殖相结合,通过生物转换技术,在农户土地全封闭的状态下,将日光温室、畜(禽)舍、厕所、沼气池联结在一起组成综合利用体系,实现产气与产肥同步,种植、养殖并举,建立一个生态种群较多、生物链联结健全,物流、能流较快循环的能源生态系统工程,成为促进农村经济发展、提高农民生活质量、改善生产生活环境的重要措施,如图3-5所示。"四位一体"生态模式是主要适合于我国北方地区推广应用的循环农业发展模式。

此种模式可以节省化学肥料的开支,沼气可以替代常规能源节省资金,解决了农户日常生活能源的需求,其社会、生态效益更是十分重要。此模式在温室内建沼气池,池上养殖,人畜粪便入池进行厌氧发酵,既减少了人畜粪便和生活污水造成的农业面源污染,又提供了沼渣、沼液等无公害肥料,长期使用

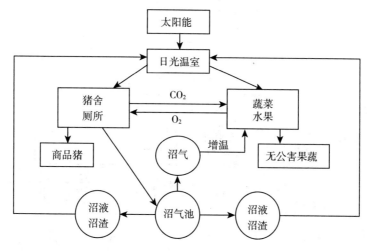

图 3-5 "四位一体"循环农业模式

可减少日光温室内病虫害的发生。此模式可有效改善农村环境卫生状况，提高农民的生活质量和健康水平，具有一定的社会效益。

北京平谷区山东庄镇鱼子山设施大棚区位于京东大峡谷主路两侧，其中"四位一体"模式大棚 95 栋，主要经营形式"村委会＋农户"的形式。在上级政府的扶持下，村委会负责建设"四位一体"式设施，由本村农民买断，一栋"四位一体"式大棚 2 万元。购买者一般为农村年长的劳动力，他们一年四季居住在管理间，产生的沼气用于日常炊事用能，冬季使用吊炕。一栋"四位一体"模式大棚年产沼气 300 米^3，年产沼肥 16 米^3，沼气的使用节约液化气使用 3～4 罐，可节省 400 元。一年可产两茬蔬菜，还有一茬草莓、桃子，总计利润可获得 1 万元左右。年出两栏猪共 20 头，获纯利润 1 万元左右，用沼液沼渣替代化肥等可省肥料支出费用 200 元。综合计算"四位一体"循环模式年可创效益 20 600 元。

2. 以沼气为纽带的农产品质量提升型循环模式 经济、社会的发展使消费者对农产品的质量提出了更高的要求，同时基于近年来清洁能源的发展，沼气作为燃煤及秸秆传统燃烧的替代能源在北京市郊区农村有了快速的发展，伴随"循环农业"理念的提出使二者自然结合，便形成了以沼气为纽带的农产品质量提升型循环农业。此模式主要循环模块包括养殖业、沼气、种植业三部分，其基本的循环流程如图 3-6 所示。

一般沼气工程建于养殖场附近或者建于种植基地（设施农业或者果园）附近，以便于前端粪污原料直接进入沼气池进行厌氧发酵，或便于后端沼气工程产生的沼渣沼液施用于种植业。规模化养殖场或畜禽散养户将畜禽粪污出售给村委会或其他沼气工程管理者，畜禽粪污经过沼气池厌氧发酵产生沼气，沼气

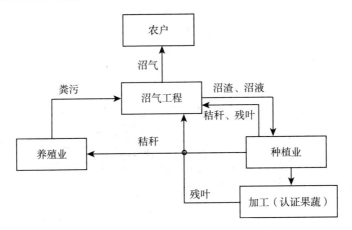

图 3-6 以沼气为纽带的农产品质量提升型循环模式

供给当地农户日常炊事用能，产生的沼渣、沼液直接或者制成有机肥后用于农作物或经济作物种植。另外，农作物的秸秆可作饲料饲养家畜，还可以将秸秆粉碎后一起投入厌氧发酵罐进行厌氧发酵产沼气。

以沼气为纽带的废弃物综合利用循环模式将养殖业和种植业紧密地结合在一起，很好地处理了养殖过程中产生的粪污，减轻了对农村环境污染，同时产生的沼气为农民提供了清洁能源。沼渣沼液施用于农田减少了农田化肥、农药的使用，很好地解决了农村面源污染问题，改良了土壤结构。沼渣沼液的施用在为农民节省购买化肥、农药资金的同时，提升了农产品质量，通过产品质量认证（包括无公害认证、绿色食品认证及有机食品认证）的农产品为农民增加了可观的经济效益。以沼气为纽带的农产品质量提升型循环模式建立了养殖业、沼气工程及种植业间的循环关系，带动了农民就业，如产生了运输粪污及运输沼渣沼液的专职人员，拉动运输设备生产制造业的发展。

此模式在北京各郊区县所占比例最高，在调研的典型示范点中覆盖 7 个郊区县，共 21 处，包括平谷的大华山镇李家峪村，大兴的安定镇汤营村和西芦各庄村，延庆的康庄镇小丰营村和张山营镇水峪村，密云的不老屯学各庄村、十里堡镇统军庄村和河南寨镇两河村，顺义的李遂镇陈庄村、大孙各庄镇东华山村、张镇前王会村、北小营镇大胡营村，房山的琉璃河镇务滋村、石楼镇大次洛村、石楼镇双柳树村、琉璃河庄头村、韩村河镇韩村河村、石楼镇襄驸马村，通州的宋庄镇翟里村、张家湾镇小耕垡村、漷县镇漷县村。

以北京顺义区张镇前王会村为例，该村以养猪场为依托建有一处沼气工程，发酵罐 200 米³，供给本村 300 户农民生活用燃气，沼气价格 1.5 元/米³，其管理模式为村委会管理模式。沼气工程产生的沼渣沼液免费送给本村的果农，果农将其以底肥和追肥两种方式施用于果园，但是施用沼肥的方式及用量还处于摸索阶段。前王会村循环模式流程如图3-7所示。

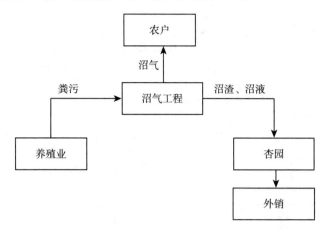

图3-7　前王会循环利用模式

以海白杏的施用情况为例。底肥：2011年4月4日地里开沟每亩施沼渣、沼液2 760千克，1周后，用旋耕机进行旋耕使布均匀；追肥：4月18日，5月10日沼渣沼液分别做追肥施用，每亩4 500千克。6月中下旬果实成熟，从果型外观上比较，施用沼肥的海白杏个头平均大于施用常规肥的杏，并且外观颜色鲜艳，口感更香甜。

本园内有施用沼肥和施用常规肥两种方式，通过对比产量可以得出，施用常规肥的海白杏每亩产1 750千克，施用沼肥的海白杏亩产量可达2 100千克，增产近20％，按市场平均价1元/千克计算，每亩可增加农民收入1 400元。正常情况从开春到果实成熟每亩海白杏施用7 500千克鸡粪做底肥（干鸡粪200元/吨），另外一次性追肥施用复合肥200千克/亩（300元/100千克）。然而施用沼肥可以替代常规肥的施用，节省肥料支出2 100元/亩。合计沼肥的施用可创效益3 500元/亩。

3. 以食用菌为纽带的废弃物综合利用模式　此模式主要集中在密云、平谷，根据食用菌种植品种的不同，主要分为菌棒和架式培养基培养*两种形式，因此所形成的循环路径也有所不同（图3-8、图3-9）。

两种循环模型虽稍有不同，但基本包含三个循环模块，即种植养殖、食用菌种植及菌棒（废弃培养基）的处理。两个郊县充分利用立体空间结构及时间节律，发展林下种植、果窖反季种植。种、养殖为食用菌的种植提供营养基

---

* 此种食用菌种植以种植双孢菇为主，调研点的种植方式为将配好的培养基铺在架子的每层，一般架子有两到三层不等层数。培养基一般由稻草及畜禽粪便构成，适量加入氮、磷、钾、钙、硫等无机养分。

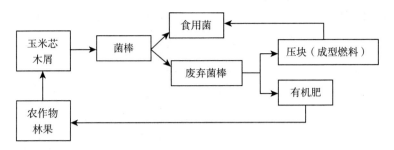

图 3-8 菌棒培养食用菌的基本循环流程

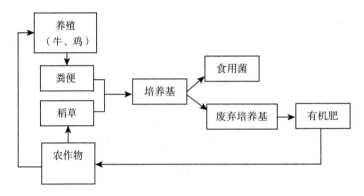

图 3-9 架式培养基培养食用菌的基本循环流程

质,食用菌销往北京及其他省市,废弃的培养基质经过处理作为有机肥料施用于农田。密云县尖岩村对废弃菌棒进行了压块处理,生产出的块状成型燃料替代燃煤,满足食用菌培养过程中保温、保湿的要求。

此模式的建立有效地解决了大面积果园修剪所产生的大量枝条及农作物秸秆的处理问题,减少其直接燃烧对大气造成的污染。同时对畜禽粪便进行了资源化利用。废弃培养基质的肥料化处理后施用于土壤,有效地改良了土壤结构,增强了土壤肥力。此种模式涵盖了林下经济的发展,延伸了产业链,增加了农民收入。同时解决了农村剩余劳动力和农村留守的妇女及较年长劳动力的就业问题。

此模式的占有率为 15%,此次调研点共有 5 处属于此模式。密云有 4 个示范点种植食用菌,分别为密云县溪翁庄镇尖岩村、北庄镇苇子峪村、十里堡镇靳各寨镇、高岭屯镇高岭屯村;平谷区镇罗营镇五里庙村对以食用菌为纽带的废弃物综合利用进行了深入探索,取得了很好的经济效益。

北京密云县尖岩村食用菌规模化生产基地属于以食用菌为纽带的循环农业模式,同时有菌棒种植和架式培养基种植食用菌两种方式。其循环流程同以上两种基本流程。此生产基地拥有自己的养牛场,牛粪用于架式培养基原料,年产 150 吨牛粪与外购稻草 300 吨用于制成培养基，最终产完双孢菇剩余废弃培养基 200 吨，用于附近果园、大田做肥料。另外一种模式为购买玉米芯与木屑（均为 600～800 元/吨），制成菌棒，年制成菌棒 20 万棒，产完食用菌后产生废弃菌棒 200 吨，经过压块机进行压块，以替代燃煤，经北京市农林科学院测定其热值为 8 371.7 千焦/千克。

架式培养基培养产生的废弃培养基用作肥料施用于周边果园、农田，节省农民购买常规肥料开支，一般用此作肥料不再用底肥和追肥，对于果农来说每亩可节省肥料支出 2 000 元左右。同时此种肥料的施用，可以减少常规肥料施用对生态环境的破坏，有利于生态环境的可持续发展。废弃菌棒用于压块成型替代燃煤成为清洁能源。正常情况下，灭菌炉一年需要 80 吨燃煤，废弃菌棒压制成块替代燃煤后，一年可以节约近 30 吨燃煤，进而每年可以节约购买燃煤资金 3.6 万元（燃煤单价按 1 200 元/吨计算），同时可以降低燃煤对大气造成的污染，减少二氧化碳的排放。

4. 肥料化利用模式　为保证供应首都蔬菜的品质和数量，郊区各蔬菜种植基地面积不断扩大。为解决田间地头菜秧、残叶堆积产生的环境问题，不少种植基地都进行了田间杂物肥料化利用探索。此模式主要是对田间废弃物进行粉碎，然后加入菌剂进行好氧发酵，同时进行翻倒，经过半个月左右堆制成有机肥。具体流程如图 3 - 10 所示。

图 3 - 10　肥料化利用模式

此循环模式对蔬菜残体、农作物秸秆及田间杂物等进行了有效处理、利用，在保护生态环境的同时为有机农业发展奠定了良好的基础。应用此技术堆制的有机肥可以增加土壤有机质，减少化肥农药使用量，提高土壤活性和保水保肥性能，防止土传病害传播，治理土壤板结，进而能显著改善果蔬品质、恢复自然口味，延长储存期，增加了农民收入。另外，生产线一般配备 2～3 名生产人员，适当解决农民的就业问题。

目前，北京郊区利用田间杂物进行有机肥生产的还不多，此次调研中仅有北京平谷京东绿谷蔬菜产销基地一家购置了此套设备并进行了探索性生产。京东绿谷蔬菜园区位于平谷区东高村镇南张岱村，园区占地面积 200 亩，主要产品为西兰花、黄瓜、柿子椒等。每年产出的农业废弃物达 900 吨左右，其中秸秆废弃物约 300 吨，果树残体废弃物约 600 吨。

依据《北京市都市型现代农业基础建设工程规划》（2009—2012），北京市农业局经过多方征集方案和专家论证，选择了处于国内外领先地位的技术和工艺，进行此处菜田有机垃圾处理示范项目建设。此条生产线设计处理能力为 20 米³/天，有效覆盖面积 1 000 亩。将田间废弃物通过好氧发酵过程（持续 70℃以上的高温）使易腐烂、难处理的蔬菜、秸秆、杂草等废弃物充分腐熟，杀灭各种有害病菌、虫卵、杂草种子等，在 10～14 天内成为无臭无味的生物发酵活性有机肥。

北京平谷区南张岱村耕地面积较多，同时考虑园区内自产废弃物存量及时间等问题，计划将周边农户种植产生的蔬菜废弃物、秸秆等田间杂物一并处理，以减少不当处理造成的环境污染。在初始阶段，除基地自供原料自产自销有机肥外，将按照 1 车秸秆换购 2 袋有机肥的方法推广有机肥，同时保证原料的供应。这种以物换物模式有利于初始阶段有机肥的推广使用，减少农民购买常规肥料的支出。此种有机肥的施用具有很好的生态效益，不仅可以增加土壤有机质、治理土壤板结、提高土壤活性和保水保肥性能，而且还能够明显改善果蔬品质，恢复果蔬自然口味，延长储藏期。

5. 园区循环模式　此模式基于园区的资源环境基础，构建循环农业生产模式，以实现生态、经济的双重高效产出。此类模式的突出特点就是系统的经济效益高，注重资源的多元综合利用和产业间的链接，一般以企业经营为主。园区主要的循环流程如图 3-11 所示：

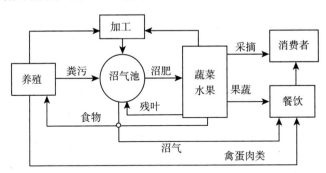

图 3-11　园区循环模式

此模式在结构上实现了园区的整体循环，一类园区集观光旅游、商务会议、餐饮住宿、康乐、垂钓、采摘于一体，形成各产业链间的有效结合，提升了第一产业的产值，促进了第三产业的发展；另一类园区以种植、养殖、加工为主，形成种养加的有效循环，实现园区内部三大产业的链接，产生了良好的生态、环境效益，提升了园区的经济效益。

此模式从种植业、养殖业到加工的废弃物均得到了处理，实现了废弃物的资源化利用。园区环境、生态状况良好，实现了资源高效利用、生态保护与经济发展共赢。首先在沼气池转化作用下，形成一个立体循环的生态链，将农业生产和生活产生的废弃物"变废为宝"，达到资源的综合利用，有害废弃物最小排放甚至"零"排放，既节约了能源和开支，又实现了保护生态环境的理想目标。此模式以农业为基础建立循环经济，摆脱了单纯发展种养业的农业经济发展模式，强调建立农、林、牧、副、渔多种产业协调综合发展的大农业结构，实现了经济的快速增长。合理的产业结构使系统内食物链得以完善，在提高生产力的同时，增强了园区整个系统的稳定性，改善了系统能量利用结构和效率，各模块形成了在空间上连续、功能上互补的稳定和谐的关系。

此种模式在调研点中的占有率为15%，共有5个调研点，包括昌平的北京燕岭生态园区、百善循环农业示范园，怀柔的聚贤有机生态观光园，大兴的北京大东高科种植中心，延庆的德清源有机生态园。

以昌平区北京燕岭农业生态园为例。北京燕岭农业生态园位于北京市昌平区南口镇东李庄村南，总占地面积150余亩，是集养殖、种植、旅游、度假、休闲、服务于一体的循环农业模式的生态园。园内规模化养殖场存栏生猪5 000余头，年出栏生猪10 000余头。2005年被评为"北京市农业标准化示范基地"优秀单位，2006年成为北京市生猪活体储备饲养基地；2007年4月生猪产品通过农业部食品安全中心的无公害农产品认证。园内兴建的循环能源项目——沼气工程，是昌平区农村能源办公室和北京燕山工业燃气设备有限公司的示范项目，是国内首个用城市燃气标准供气的沼气工程，生产的沼气输气入户，保证了所在地李庄300户村民的日常生活用气，实现了农村民用燃气管道化。同时，禽类养殖场内放养的柴鸡日产蛋200余千克，游人可在此体验自己捡拾鸡蛋的乐趣。80亩果园十几个品种的果树，全部施用沼肥，无农药、化肥残留，优质果品可供不同季节采摘，还拥有可供200人休闲、度假、垂钓、娱乐的服务区。

整个园区的循环以农业为基础，结合二、三产业形成多产业循环模式，详细流程如图3-12所示：

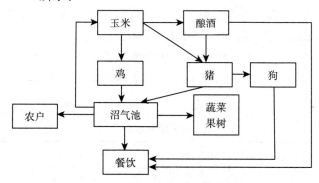

图3-12　北京燕岭农业生态园循环农业

种植玉米优先用来酿酒，自制的酒品供应餐饮，剩余玉米用来作为鸡、猪的饲料，鸡、猪产生的粪污进入沼气池厌氧发酵产生沼气，沼气供应东李庄村300户农民生活用气，同时供应园区餐饮、住宿做饭、烧热水。沼渣沼液用于园区玉米、蔬菜、果树做肥料。猪的胎盘用于喂狗，狗肉供应餐厅。游人可以进行采摘和捡鸡蛋活动。

园区内建有两个200米^{3}的沼气池供应300户农户及园区的用能，年产沼气12万米^3，每年可节约标煤8.57万吨，减少1 000吨二氧化碳排放。沼气工程产生的沼渣沼液施用于园区玉米、蔬菜、果树，不再施用化肥、农药，进而节约购买肥料的资金上万元。

由此可见，循环农业降低了各个环节的经济投入，进而达到整个园区低投入高产出的效果，提升了农业附加值，促进了整个体系多产业间的良性循环。

（二）北京农村沼渣沼液综合利用分析

近几年来，北京一直在开展沼渣沼液利用试验与示范研究。2010年，在全市九个远郊区县进行沼渣、沼液综合利用试验，设有沼渣、沼液试验基地53块，试验品种共约40余种，带动辐射面积达近20 000亩，涵盖黄瓜、番茄、茄子、甜椒等蔬菜品种，也包括葡萄、大桃、杏、草莓、西瓜等水果品种，部分区县还安排了小麦、玉米、花生、药材作为试验地，通过检测试验田和对比田果实的重量、外观、甜度、品质等指标，分析沼渣、沼液应用后对试验品种的影响。试验分为精细试验和粗放试验两种类型，精细试验作物面积为300亩；粗放试验作物面积覆盖近20 000亩。每项试验都包含试验田和对比田，试验田应用沼渣做底肥、追肥，沼液进行叶面喷施，对比田应用化肥。沼渣、沼液来源于就近的沼气站。

1. 沼渣沼液成分分析　由于发酵原料种类和配比不同，沼液的养分含量常有一定差异。按照季节和户外温度不同分三次对全市以猪粪、牛粪、鸡粪为原料的12个沼气工程运行产生的沼渣沼液进行化验分析，结果为：沼渣中的有机质含量在37%～65%，全磷（P_2O_5）含量在2.47%～9.18%，全氮含量在1.38%～3.08%，全钾（K_2O）含量约为1.50%；沼液中的全磷（P_2O_5）含量约为0.50%，全氮含量约为0.50%，全钾（K_2O）含量约为0.30%（表3-5）。

表3-5　沼渣沼液成分分析表

名称	有机质含量（%）	全磷（P_2O_5）（%）	全氮（%）	全钾（%）
沼渣	37～65	2.47～9.18	1.38～3.08	1.50
沼液		0.50	0.50	0.30

从以上化验分析数据看，沼渣、沼液属于很好的有机肥。

2. 试验的表象结果

（1）小麦。分采取地面浇灌和叶面喷灌的方式，小麦长势良好，麦穗粒大饱满，平均外形大于施常规肥，经测算亩产 412.5 千克。比施常规肥的增产 10%左右，同时每亩可节约化肥和农药的支出近 300 元。

（2）西瓜。试验采用底肥和追肥施用的方法，实验结果表明，西瓜产量增产 15%，西瓜个大，色泽鲜艳，口感甜度增加。同时产量大幅增加，施常规肥的每亩产 6 000 千克，施用沼肥后亩产可达 7 500 千克，增产幅度 20%以上，每亩地提高农民收入 2 600 元。

（3）番茄。使用沼渣沼液的秧苗长势好，抗病性强，坐果率高，果实大小均匀，着色好，产量高。通过生物学特性对比调查，单果重、含糖量明显增加，商品特性好、植株健壮，平均果重比对照增加 138 克，增 40.9%，果实含糖量增加 2%。

（4）温室西瓜。使用沼渣沼液的秧苗壮，抗病性能力强，坐果率高，果实口感好，甜度可增加 2%~3%。

（5）大桃。桃树长势较壮，叶片较厚、叶色浓绿，叶脉清晰，具有一定的抗病能力。

（6）杏。花叶长得茂盛，果实品质佳，口感好个大，坐果率高。通过试验对比表明，施常规肥的杏每亩产 1 750 千克，施沼肥的杏每亩产量可达 2 100 千克，增产近 20%，并可节省农药和化肥的投入，每亩地可增加果农收入近 1 500元。

（7）露地玉米。出苗率较高、苗壮。施用沼肥的地块耐干旱，地里杂草相对较少，秧苗粗壮，颜色黑绿，收获时感觉土地疏松。从监测结果看，施用沼渣、沼液的田地和未施用的相比有较大的品质和产量的提升，具体主要体现在以下几个方面：长势好、品质佳，从现场检查可以看到试验地块的农作物，植株粗壮有力，叶片肥厚浓绿，坐果率高，果个大、果型好；节省农药，降低污染，增产、增收效果明显，提升农产品的档次；部分地块土肥效力得到明显提升。

3. 经济效益显著　农民对沼渣沼液这种优质有机肥认可度快速提高，使用沼渣沼液的农户越来越多，产出的沼渣沼液全部作为优质有机肥充分应用到生产中，减少了沼气站周边的环境污染，也为沼气站带来一定的经济效益。比如：平谷区大华山镇李家峪村沼气站，供全村 213 户用气。每天大约生产沼渣沼液 2.5 米^3，按每立方米卖 10 元，每月 30 天计算，半年沼渣沼液收入近 4 500 元。同时施用沼渣沼液可以节约农户的化肥农药投入，增产的优质农产品也为农户带来了经济效益。例如昌平区经测算，仅沼渣沼液利用全年全区可节省化肥近 50 吨，节省开支近 70 000 余元，为农民群众增收近 50 万元。

4. 沼渣沼液利用中存在的问题 尽管沼渣沼液好处很多，但在利用过程中仍然存在着一些困难和问题。这些困难和问题正成为限制北京市循环农业进一步发展的障碍，主要包括以下几个方面。

（1）沼渣沼液运输和存储难题。在以沼气为纽带的循环农业中，许多种植基地距离沼气站比较远，需要专人、专车进行运输，导致沼渣沼液的运输成本比较高，在运输过程中散发出难闻的气味，很多人不愿意从事这项工作。由于沼气站每天都要产生沼渣沼液，而农业种植则具有季节性，因此导致沼渣沼液的存储就成了老大难问题。

（2）沼液沼渣利用缺少技术指导。目前沼渣沼液的施用量方面尚处于摸索阶段，缺少技术指导，好多地方存在第一次施用出现烧苗的现象，给农民带来一定的经济损失。且由于沼气站方面没有进行沼渣、沼液的分离，农民一般是采用给作物浇水的时候随水冲施的方法，对水的比例不好把握，施用量也具有很大的随意性。另外，不同沼气站产生的沼渣、沼液的具体成分不一样，就导致需要从不同沼气站购进沼肥的种植基地难以把握沼肥的施用量。

（3）设施农业田间杂物的处理问题。从调研中可以看出，设施农业的蔬菜残秧、田间杂物等的处理存在很大的困难。虽然有一处调研点将其进行肥料化利用，但是许多农民尚没有接受其生产出来的有机肥产品，对其成分、肥效等存在很大的疑虑，担心某些病菌杀灭不彻底回用农田造成不必要的损失。

（4）沼液沼渣利用形式粗放。目前北京市各郊区县沼气站数量比较多，但由于缺少资金，沼气站产生的沼渣沼液多数均未进行分离，导致沼渣沼液在施用过程中产生一系列问题。还有一些地方由于缺少资金，导致新建成沼渣生产有机肥的生产线也不能正常运行。

（5）对沼渣沼液认识程度不高。现有农业一线的管理人员及从业人员文化程度普遍较低，管理人员一般由当地农民担当。由于缺少相关政策指导与技术的敏感性，往往片面以追求利益最大化为目的，对环境、生态的关注度不高，一般仅迫于政府的压力进行废弃物的综合利用，尚没有对循环农业所能带来的各方面的效益有本质上的正确认识，在许多环节中都存在很多可再利用资源没有再利用情况，存在对沼渣沼液作为化肥的替代肥料认识度不高。

（三）北京农村循环农业发展建议

1. 健全配套政策 建议在财政上建立持续稳定的扶持循环农业发展的专项基金；在信贷方面对循环农业产业及循环农业项目给予低息或无息贷款；建立良性的农业生态环境补偿机制和农业资源循环利用补偿机制，明晰受益方与环境保护方、资源节约方的地位和关系。

2. 科学规划，加大政府扶持力度　要以循环经济理论为指导，结合各区域实际情况，制订循环农业开发主流模式和重点方向，从而为本地区发展循环农业提供战略指导，明确规划发展目标，制定发展措施，细化发展项目，以增强规划的针对性、有效性。

3. 加快循环农业社会化服务体系建设　一方面要建立一体化的农业服务体系，尤其要在农产品分级分类销售、技术指导、信息咨询与传播、畜禽检疫、农产品品质检验、有机产品认证和农产品标准化体系建设等方面提供配套服务，确保农民能够从循环农业的开展中得到益处；另一方面，要建立循环农业服务需求的快速反应机制，这就要求循环农业服务机构的覆盖面要广泛，实现镇、村一级的全面覆盖。

4. 加强循环农业技术创新与推广　重点开展资源节约技术、废物利用技术、降低污染物排放技术的研发与普及，引导与支持农村与高校、科研机构等进行联手，组建科研平台，推动循环农业技术的攻关与突破。

5. 加强对民众循环农业理念的宣传教育与培训　重点利用广播、卫星电视、网络、光盘等现代媒体与技术，结合宣传卡片、村务公开栏、科技入户等形式，大力、广泛而深入宣传发展循环农业的重要意义，让循环农业、可持续发展理念深入人心。

三、北京农村生态旅游业发展问题和对策

生态旅游是以生态学原理和可持续发展原则为指导，以保护自然资源，自然环境与促进区域社会经济发展为目的，实现旅游业发展与自然、文化和人类生存环境和谐统一的产业体系。改革开放以来，无论是在景区旅游还是乡村旅游诸方面，北京的生态旅游都有了长足的发展，但仍存在着资金、科技投入不足，项目雷同、重复建设，环境保护问题突出等问题。所以，在发展北京生态旅游方面，必须重视生态保护、整体规划、加大投资力度、推进市场营销、提高农民素质等方面工作。

（一）生态旅游产业的内涵和特征

1. 生态旅游的内涵　生态旅游（Ecotoursim）一词由 1987 年世界自然保护联盟（IVCN）特别顾问 H. Ceballoslascurain 首先在文献中使用。世界银行环境部和生态旅游学会给生态旅游下的定义是"有目的地前往自然地区去了解环境的文化和自然历史，它不会破坏自然，而且它会使当地社区从保护自然资源中得到经济收益。"日本自然保护协会（NACS—J）对生态旅游的定义是"提供爱护环境的设施和环境教育，使旅游参加者得以理解、鉴赏自然地域，

从而为地域自然及文化的保护，为地域经济做出贡献。"生态旅游作为一种新的旅游形态，已成为国际上近年新兴的热点旅游项目。以认识自然、欣赏自然、保护自然、不破坏其生态平衡为基础的生态旅游，具有观光、度假、休养、科学考察、探险和科普教育等多重功能，以自然生态景观和人文生态景观为消费客体，使旅游者置身于自然、真实、完美的情景中，可以陶冶性情、净化心灵。

到目前为止，生态旅游的概念很多，归纳起来主要是从三个不同主体的角度出发：①从市场需求即旅游者的角度出发；②从市场供给即旅游开发者的角度出发；③从可持续发展角度出发。其实质就是以生态学原理和可持续发展原则为指导，以保护自然资源，自然环境与促进区域社会经济发展为目的，强调旅游者、当地居民与旅游经营管理者将自己作为生态系统的一员，在享受大自然的同时，尽到保护自然的职责和义务，最终达到旅游业发展与自然、文化和人类生存环境的和谐统一。这也是生态旅游与一般的旅游的重要区别。不同的生态旅游研究者和机构对生态旅游的精确含义还缺乏一致的见解，但是从他们的共同点中可以提炼出生态旅游的核心标准：以自然为基础，有教育性或学习性成分，要求可持续。

人类工业文明的迅速发展在增强了人类认识和开发地球的能力的同时，也严重扭曲了人类与地球之间的正常关系。一方面，人类把地球当作"取之不尽，用之不竭"的物质来源，以自私的心态近乎疯狂地索取地球的各种资源；另一方面，人类的行为遭到了地球的严厉报复。空气、水质、食品、噪声以及垃圾等各种污染日益严重，世界范围内频繁发生的各种环境公害、人口的急剧增加、物种灭绝速度的加快等，不仅使人类的居住环境日益恶化，而且越来越严重地阻碍了人类社会经济的发展。这种情况表明，人类传统的社会发展模式已经走到了尽头，并急需探索新的发展模式。经过反思和探索，一些有识之士认识到人类在本质上仅仅是地球发展到一定阶段的产物之一，人类的生活、生产及一切活动都离不开地球的自然环境，而地球的各种资源和自然环境的承载力都是有限的；地球不仅仅是"人类的地球"，也是生活在地球上其他动植物的地球，人类和其他动植物是平等的伙伴和朋友关系，而不是奴隶与奴隶主之间的关系。环境和自然保护的绿色浪潮开始在世界各国兴起，人类逐步调整其与地球之间的关系，导致了20世纪80年代末"可持续发展"思想的诞生，而且在不断发展并日益深入人心。

旅游业一度被认为是"无烟工业"、"朝阳产业"，因而受到世界各国政府的高度重视。但是，由于传统旅游业的发展是遵循产业革命的管理思想和方法，对旅游对象采用的是"掠夺式"的开发利用，使得旅游活动的范围和程度超过了自然环境的承载力，破坏了旅游地的生态环境，造成旅游资源的旅游价值降低，阻碍了旅游业的持续发展。全球绿色浪潮的兴起和"可持续发展"思想为旅游业的发展指明了正确的道路，生态旅游正是在这个背景下产生和发展的，它实际上是旅游业可持续发展的内容和形式之一。

在人类面临生存环境危机的背景下，随着人们环境意识的觉醒，绿色运动及绿色消费席卷全球，生态旅游作为绿色旅游消费，已迅速普及全球，特别是美国、加拿大、澳大利亚及很多欧洲国家都非常流行。同时，世界各国也都根据各自的国情，形成了各自的特色。国外游客基本上都具有一定的环保意识和知识，而我国由于引入生态旅游概念较晚，相应服务设施建设不足，因而大多数人尚不了解生态旅游的真正意义，可以说大众化的生态旅游在中国还远未实现。生态旅游的提倡，使普通游客开始关心那些生活在边远地区民族的生活环境和生活质量以及他们世代相传的特殊文化；置身于原始、自然的美丽风光，可使人们体会到良好生态环境带来的种种美好感受，为保护环境尽自己的所能。

2. 生态旅游的特征

（1）保护性。与传统旅游业一样，生态旅游也会对旅游资源和旅游环境产生负面影响。但是，比较而言，保护性是它区别于传统旅游的最大特点。它要求旅游者和旅游业约束自己的行为，以保护旅游资源和旅游环境。例如在卢旺达原始森林中观赏野生动物时，传统旅游允许旅游者进入野生动物的生活环境并随意地嬉戏野生动物，而生态旅游则采用对旅游资源（野生动物）影响最小的活动——用望远镜进行远距离观察。生态旅游的保护性体现在旅游业中的各个方面。对于旅游开发规划者而言，保护性体现在遵循自然生态规律和人与自然和谐统一的旅游产品开发设计，充分认识旅游资源的经济价值，将资源的价值纳入成本核算，在科学开发规划基础上谋求持续的投资效益；对于管理者而言，保护性体现在资源环境容量范围内的旅游利用，杜绝短期行为，谋求可持续的经济、社会、环境三大效益的协调发展；对于游客而言，保护性体现在环境意识和自身素质的提高，自觉保护旅游资源和环境；对于旅游业与其他产业的关系而言，保护性体现在对当地产业结构进行合理的规划和布局，以谋求长久的最佳综合效益。

（2）专业性。生态旅游具有较高的科学文化内涵，这就要求旅游设施、旅游项目、旅游路线、旅游服务的设计和管理均要体现出很强的专业性，以使游客在较短的时间内获得回归大自然的精神享受和满足，启发并提高游客热爱、保护大自然的意识，进而自觉地保护旅游资源和环境；同时，旅游管理的专业性也是旅游资源和环境得以保护和持续利用以及三大效益的协调发展的前提条件之一。再者，专业性还体现在游客的旅游心理上。生态旅游者不是没有自己确定的旅游目的、被卷入旅游时尚潮流的盲目旅游者，也不是为追求豪华奢侈的物质享受、认为金钱可以买断自然的旅游者，而是具有欣赏、探索和认识大自然及当地文化的明确要求的较高层次的游客。

（3）普及性。在我国，生态旅游的普及性不仅体现在生态旅游者的普及，也体现在旅游资源的普及。生态旅游是建立在传统旅游基础上的，因此，中国的生态旅游不应是高消费和高素质者的特权，只要以了解当地环境的文化与自然历史知识为旅游目的，并能够自觉地保护和珍视旅游资源和环境，普通的工人、农民、职员、学生等都可成为生态旅游者。从旅游资源上说，西方国家将生态旅游仅仅定位于自然景观，而我国是具有五千年悠久历史的文明古国，自然已经与文化融为一体，所以，中国生态旅游的对象不仅仅是自然景观，而且包括与自然和谐的文化景观。

"国家首都、国际城市、文化名城、宜居城市"的城市定位对北京旅游业发展提出了更新更高的要求，为郊区旅游空间发展格局调整和资源整合指明了方向。郊区旅游包括六环路附近及其以外的郊区地域范围。当然也包括环北京周边地区的河北、天津和山西等省市，是北京旅游发展的主要扩展区域。发展重点是：以北京为核心，以京张、京承、京沈、京石、京开高速公路和京原国道为旅游交通走廊，通过区域协作，实现资源共享和市场互育，形成北部自然生态旅游、东南部海滨休闲度假、西南部历史文化观光、西部自然与文化观光四大特色鲜明的区域旅游板块和多条特色旅游线路。今后发展的重点：一是强化和完善新城的旅游服务功能，培育各具特色的主导旅游产品和旅游服务项目，形成区域性的旅游服务基地；二是重点发展休闲度假、名胜观光、生态康体、会议服务旅游产品，完善旅游度假区的综合配套服务体系，强化生态型项目的建设；三是依托现有的大型采摘园、高科技农业园区，提升休闲农业发展水平，发展企业化管理，集农业生产、科技示范、农产品加工、休闲游憩等功能为一体的综合性休闲农业园区；四是在全力保护世界遗产以及国家级和市级风景名胜区、自然保护区、森林公园、湿地等旅游资源的前提下，改善旅游环境以适应公众日益提高的旅游需求。

北京郊区不仅具有丰富的自然资源和旅游资源，而且具有历史悠久的已经开发和尚待开发的文化资源；北京不仅具有众多的风景名胜、自然景观、原生态保护区，而且具有多处世界文化遗产。北京郊区山河纵横，自然地理、地貌十分丰富，生物资源、农业资源在世界大都市也是首屈一指。北京作为六朝古都、历史名城，旅游资源十分丰富。北京旅游资源绝大部分在郊区。遍布郊区的名山、秀水、森林、奇洞、皇陵、寺庙等各种自然景观、人文景观、休闲娱乐景观数以千计，其中延庆八达岭长城、昌平十三陵等名胜古迹享誉国内外。得天独厚的旅游资源使北京郊区成为国内旅游的首选地区，也对海外游客产生了巨大的吸引力。所以，把都市现代农业、旅游业和文化创意产业结合起来，发展旅游文化创意产业十分必要，而且前景看好。

（二）北京农村生态旅游的现状和问题

1. 景区生态旅游　北京郊区的景点多达数百处，包括古建遗构、帝后陵寝、传统园林名胜、古寺名刹、山水风光、地质地貌、战争纪念地（物）等类型。城区以古都风貌取胜，延庆以八达岭长城闻名，昌平以十三陵、居庸关长城、小汤山温泉等名胜古迹著称，海淀以古典园林和风景名山如颐和园和香山以及碧云寺、卧佛寺、圆明园遗址等的集中地，石景山、房山分别以老山汉墓、古人类遗址博物馆和寺庙见长（如周口店北京人遗址博物馆和云居寺），门头沟以妙峰山、潭柘寺、戒台寺等宗教圣地，丰台以宛平城、卢沟桥等战争纪念地为特色。这些历史景点是古都历史文化景观的代表和重要组成部分。除了以上类型的景点外，北京各郊区（县）分布着大量的自然景点和旅游服务设施。旅游资源以山、草原、湖、水库、潭、泉、峡谷、森林园、岩溶洞穴等各种典型地貌形态为主要类型，旅游服务设施包括各类度假村、游乐场、狩猎场、高尔夫球场、乡村俱乐部，从而形成了一批在北京有影响旅游景点，如密云水库、龙庆峡、十渡、香山公园、东大峡谷、雁栖湖、康西草原等旅游景区。如果依据旅游区比较资源优势对北京郊区旅游景区加以分类，则可以分为：依托自然资源和人文资源形成的山水资源型（山水风光、岩溶洞穴）、园林公园型（郊野公园）、都市农业型（采摘观光、民俗旅游、农事体验等）、古寺名刹型和文化遗产型等。

2006—2010 年的 5 年间，北京旅游景区接待人数不断上升，收入不断增加。接待人数由 11 216 万人，上升到 17 307 万人，增长了 54.30%；收入合计由 312 925 万元，增长到 478 572 万元，增长了 52.94%（表 3-6）。

表 3-6　北京市近 5 年来 A 级以上景区旅游发展情况

项目	2006	2007	2008	2009	2010
A 级以上及重点旅游景区（个）	169	171	181	187	200
收入合计（万元）	312 925	369 073	355 351	407 070	478 572
门票收入	219 326	256 190	239 996	278 950	327 828
商品销售收入	8 380	10 736	11 738	13 602	11 939
其他收入	85 220	103 617	102 147	114 518	138 805
接待人数（万人）	11 216	12 271	11 855	15 385	17 307
入境旅游者人数	738	785	731	841	941

资料来源：北京统计年鉴，2011。

2. 郊区乡村旅游 新农村建设以来，北京郊区以民俗旅游、观光农业为代表的乡村旅游业发展迅速，已经成为北京都市型现代农业的重要组成部分，成为郊区农民特别是部分山区农民致富奔小康的重要产业。2006 年北京市全年乡村民俗旅游接待人数达到 2 193 万人次，乡村民俗旅游综合收入达到 14.1 亿元，郊区从事民俗旅游接待的农民超过 5 万人。2007 年郊区从事民俗旅游接待的农民超过 7.2 万人。全年乡村民俗旅游接待人数达到 2 614.4 万人次，乡村民俗旅游综合收入达到 18.1 亿元。2008 年底，全市共有 13 个区县开展了乡村旅游工作，民俗旅游村达到 344 个，民俗旅游户发展到 2 万余户，从事乡村民俗旅游服务的人员达到 6 万余人。全年乡村旅游接待游客 2 700 万人次，乡村旅游综合收入达到 18.9 亿元。

其中，北京民俗旅游户从 2005 年的 7 268 户增加到 7 979 户，增长了 10%，民俗旅游总收入由 2005 年的 31 402 万元增加到 2010 年的 73 471.6，增长了 134%（表 3-7、图 3-13）。

表 3-7 北京市民俗旅游总收入

单位：万元

年度	2005 年	2006 年	2007 年	2008 年	2009 年	2010 年	2011 年	2012 年
民俗旅游（户）	7 268	8 726	10 323	9 151	8 705	7 979	8 396	8 367
民俗旅游总收入	31 402.0	36 544.7	49 550.4	52 914.4	60 895.4	73 471.6	86 822.2	90 548.4

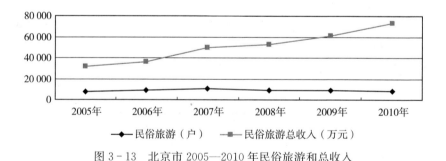

图 3-13 北京市 2005—2010 年民俗旅游和总收入

北京乡村旅游在 2008 年获得了快速发展，呈现出特色发展、规范管理、品质提升、科学规划等特点，具体表现为：一是标准化规范和引导乡村旅游发展。2008 年，北京市制定了养生山吧、山水人家、国际驿站、休闲农庄、乡村酒店、生态渔家、民族风苑、采摘篱园八个乡村旅游新业态地方标准，成为全国首批乡村旅游新业态地方标准。二是高水平规划"一沟一品"发展。继2007 年推出 13 条沟带规划之后，北京市于 2008 年委托国内外著名规划设计单位，又编制了 13 个"一沟一品"的沟（带）地域乡村旅游规划。三是差异化策划"一村一品"发展。北京市旅游局委托专业机构，制定了 30 个"一村一品"项目创意策划，这些创意策划成果，对北京众多开展乡村旅游的村落起到了明显的示范作用。四是明确"一区（县）一色"特色化发展。2008 年，北京市确定了涉及乡村旅游的 13 个区（县）的旅游特色功能定位，如昌平区——温泉胜地，大兴区——绿海甜园休闲旅游区，怀柔区——不夜怀柔，平谷区——休闲绿谷，密云县——京城"渔乐圈"等，区域旅游发展的功能定位必将对相关区县乡村旅游发展发挥促进作用。五是完成多个涉及乡村旅游的专项调研报告，如北京环城旅游乡村休闲度假带研究、北京郊区旅游用地需求与功能配置研究、北京率先实现休闲度假旅游主题实验区可行性研究、新休假制度下北京市民需求与供给研究、北京乡村旅游目前存在的问题与对策研究等，这些调研成果已经或将对北京乡村旅游工作产生积极的影响。

3. 北京生态旅游存在的主要问题

（1）科技、资金投入严重不足。阻碍了休闲旅游业的发展。目前，郊区旅游投资基本上是村集体、农户自筹，与日益兴旺的休闲产业相比，家庭单门独户经营，规模有限，信息缺乏，没有能力也不可能拿出多余的资金进行广告宣传。旅游产品生产企业，从自身企业的效益出发，追求利益的最大化目标，致力在产品开发、生产、市场经营，无法过多地进行市场宣传。旅游行政管理部门，拿不出更多的宣传、广告经费。因此，郊区基础设施的建设、旅游产品宣传、包装、营销，需要政府出面，从财政支出中单列旅游开发费用，专门用于扶持旅游业的发展。

（2）土地审批程序和管理办法死板教条。现行土地审批程序和管理办法僵化、死板，严重阻碍了休闲旅游业的发展土地问题是投资商面临的首要问题，目前要将地权属转变为国有才能出售，其经济价值比转变前翻了许多倍，而一般的投资商面临巨额的资金投入，往往只能望而却步。鼓励农民发展休闲旅游，如只允许在农家庭院开发住宿、餐饮接待服务，接待能力相当有限，而目前郊区各县还存在较多的荒山荒滩，土地审批若能有松动，一部分农民发展观光果园，搞果园采摘，希望在果园内建设一部分观光接待设施，但目前政府部门对此还不允许，阻碍了农民积极性的发挥。

（3）各部门兴建的楼堂馆所加剧了正规旅游宾馆的市场竞争。目前多部门都在发展旅游（如园林、农业、林业、建设、交通、卫生），在风景名胜区占地 30～50 亩，兴建了许多隶属不同行政部门的培训中心、度假、招待所、山庄，这些楼堂馆所隶属不同行政部门管辖，管理人员有事业费保障，在市场经济的大环境下，处于非常有利的地位，而正规的宾馆、饭店，经营属于企业运作方式，无法享受税收减免，无法与前者进行竞争。

（4）旅游带来的环境问题亟待整治。如怀柔区"山吧"所在的烧烤一条沟，水冲厕所、鱼饵、餐饮加工形成的废弃物都排入水沟，当地乡镇也意识到环境污染问题的严重性，已投入 500 万元治污，但仅靠一个乡镇投入不是长久之计。位于门头沟区的灵山风景区，近年来随着旅游开发强度的不断加大，游客数量、代步马匹数量逐年增加，由于管理不善，规划开发不合理等原因，致使东灵山亚高山草甸的植物种数、具观赏价值的种数、草群平均高度（厘米）、群落亚层数、群落盖度（％）、群落种类的组成等方面均发生了不同程度的变化。通过对有游人践踏和中度过牧区与轻度过牧区相比，前者植物品种数比后者减少 12 种、减幅高达 52％。在具观赏价值的种数、草群平均高度（厘米）、群落亚层数、群落盖度（％）、群落种类的组成等方面，前者比后者减幅依次为 70％、85％、67％、89％（刘鸿雁，1998）。据 1998 年 9 月现场调查，在灵山海拔 2 000 米的山顶地带，水土流失现象也很严重，二峰东侧，南北两侧已出现 4 条沟壑，二峰西侧又出现一条新沟。据现场实测，其中最宽的一条，宽度达 6.30 米，深为 2.10 米，长约 1 000 米，其他几条沟较窄，宽度在 0.5～0.6 米到 1.50～1.60 米。据 1998 年实地测量，仅灵山二峰、三峰及主峰地带，水土流失量已达 5 万米^3 以上（刘丽丽，1999）。

（5）雷同、重复建设项目需要调整。雷同项目模式、重复建设开发项目多为观光果园、森林公园、垂钓园等，民俗村重复建设，如以民俗风情为题材的已有 3 处：朝阳的中华民族风情园、怀柔的中国民族文化城、大兴的中国第一文化村。旅游项目在进行开发时必须注意与其他项目之间的关系，尽量避免同类主题项目近距离重复建设和恶性竞争，注意突出个性，以自身资源为出发点，打造特色旅游产品。

（6）旅游区农民素质尚待提高。旅游区农民素质较低，生态农业旅游要有高素质的居民队伍。在我国的广大农村中，文盲、半文盲、小学文化程度的农民仍占有相当比重，受过专业技能培训的农民还较少。因此，开展生态农业旅游，农民培训势在必行。

（7）景区餐饮质量较低尚待改善。由于生态旅游区大多位于郊区农村，许多是生态旅游刚刚起步的生态旅游区，多数是在近年生态旅游的热潮中兴起的，具有独特、优美的自然资源，规模较小，知名度不高，客源多来自本市和本地区，游客停留时间不长，客流量较小，生态旅游区的位置较偏远，交通不便利或该区的规划还没有到位。在这些生态旅游区内，餐饮还没有发展或只有小型的个体小吃摊位，游人购买餐饮产品不方便，旅游者多靠自带的食品来满足自己的饮食需求，由此带来的环境问题不容忽视。生态旅游应舍弃建设大的宾馆饭店而选择小型化乡土气息浓郁的餐点。小型外卖店、小吃店、中低档餐厅和特色风味餐厅在节能、节料、节水，合理利用资源，减少废料污染等方面都远远优于传统大饭店，并能体现生态旅游自然景观和艺术加工的谐调，是适宜的用餐地点。

（三）北京农村生态旅游发展对策

1. 做好市、区两级旅游发展整体规划　　首先，将郊区生态旅游作为一个大产业、大系统加以认识，做好郊区休闲旅游宏观规划，将整个郊区休闲旅游作为郊区经济一个支柱产业，建立整体的框架体系，应由政府牵头，做好北京郊区休闲旅游宏观规划，各区域有各区域的特色，避免雷同和重复建设；山区、平原休闲重点应有不同。农业观光旅游和民俗旅游也要有不同。各区县由政府出面，采取逆向思维方式，对本区域的旅游业及产品进行整体的策划、设计和包装，对分散的旅游路线尤其要通过合理的组合，形成主题鲜明的旅游产品，扩大宣传力度，通过电视、互联网、广播、有特色的节庆活动推销和宣传自己。其次，旅游企业应练好"内功"，做好"硬件"与"软件"两种建设，尤其是"软件"建设，体现"以人为本"的宗旨和营造"宾至如归"的氛围，在政府总体设计指导下，一方面维护管理好景区，条件允许时根据市民休闲旅游日益增长的需求，招商引资，建立新的景色（点），使景区始终对人保持新鲜特色。最后，应提高区域的可进入性，建议高速公路降低短途的收费标准，提高使用效率，缩短行车时间。各区县在区县政府指导下，各部门的工作（改造、水利建设、道路建设）围绕旅游（景区）来展开，利于旅游景区发展的项目从时间、空间上优先加以考虑，以便加快旅游业的发展，改善旅游环境，提高资金的使用效率，如在景区交通干线沿线预先规划退耕还林还草，植树造林，进行荒山、荒滩、荒坡绿化。建议各种媒体拿出一部分栏目，分年度或季度专门宣传郊区整体的休闲旅游形象，穿插一些经营较好的景区、观光园区。旅游人才的引进应作政府扶持旅游政策的一个部分。

2. 加大对休闲旅游的投资力度　　参照发达国家的经验，政府部门应从旅游税收中拿出 40％用作旅游宣传、策划和营销。应把对旅游业的扶持列入财政预算中，对旅游业的投入形成制度，确保旅游业的扶持资金能够持续。政府加大对郊区基础设施建设的扶持力度，通过不同形式的招商引资形式，改善基础设施状况。地区休闲产业的整体包装建议市政府给予奖励政策。应加大对民俗户、村的专项资金扶持，财政的资金将主要用于扶持旅游景区周边地区的环境建设、基础设施建设、民俗旅游发展。通过旅游景区环境建设带动区域旅游快速发展。从市级政策方面，如民俗户开业前 3 年所有税费一律全免，放水养鱼，进农村民俗旅游的尽快发展，增加农户的收入。

3. 出台灵活的土地利用政策　　鼓励利用"四荒"开展休闲旅游在不改变土地属性的前提下，对不同土地性质、不同土地利用方式应出台不同的开发利用政策。应鼓励在"四荒"地区发展民俗院、养殖小区、工业大区。允许突破

3‰～5‰的建筑标准，允许农民占用少量的耕地或其他土地建设临时建筑，尤其是山区的非耕地（荒滩乱岗）允许征用，对于一个农户而言，被征占的少数耕地产生的旅游经济收益远大于农业、林果产出。

4. 建立民间贷款信用制度　简化办证手续。政府部门应组织人员研究：①探讨适合中国、北京郊区的农民及乡村集体企业的信用等级制度，建立评价标准、指标，在试验的基础上，逐步加以推广实施；②如何简化贷款审批程序，加快山区基础设施建设，对偏远山区有所侧重，为农民以户为单位的旅游提供基础条件；③简化民俗户办证手续，收费项目和标准应采取价格听证制度，顺应民意，公开、透明。

5. 加大环境保护治理力度　协调环境保护与开发的关系。根据景区内植被、生态系统的重要性，划分核心区、缓冲区、旅游区、核心区严禁游客进入，缓冲区允许部分科研人员进入，而一般旅游者只允许在旅游区内活动。核定旅游区的环境容量，在旅游旺季超过环境容量时，实行旅游者预约制度。将旅游用马匹控制在一定数量范围内。乡村旅游开发必须坚持"保护第一、开发第二"的原则，在土地利用上，尽可能不改变现状，实现对土地资源的多重立体利用。应该充分尊重农民的意愿，不能强求人人参与乡村旅游，没有了"农民"和农业的农村也照样是无法实现可持续发展的。要努力探索发展旅游与保护生态环境之间的内在规律，杜绝破坏性开发。

6. 发挥自身文化资源优势　挖掘乡土文化资源优势，突出乡村旅游产品的文化特色。对于乡村旅游而言，乡村文化更是乡村旅游可持续发展的命脉，离开了文化的乡村旅游产品必将缺乏生机与活力。因此，乡村旅游的发展必须保持自己的特色，保留自己的地域文化、建筑文化、民族文化、养生文化、休闲文化、果品文化、餐饮文化等，充分挖掘乡村旅游资源的文化内涵，设计、策划出有特色的参与项目，突显出丰富的文化内涵。政府部门应该制定乡村旅游定性定量规划，确定某一具体地域旅游特色，鼓励区域分工，反对模仿。乡村性的塑造主要通过三方面来实现：①主题。以差异与特色确立主题；②地格。体现地方的风俗民情与建筑风格；③氛围。倡导地方居民的友好、热情、淳朴与真实的态度。乡村旅游只有拥有特色才有生命力和竞争力；只有拥有文化内涵才有持久的市场魅力。

7. 全力做好市场营销　现今，我国的生态旅游仍处于初级阶段，管理秩序混乱，除了应该进行合理规划设计之外，还应在市场营销的每个步骤上进行完善，使生态旅游产品日趋成熟，从而吸引更多的生态旅游者。首先，以市场为导向，联合开发促销。本着互惠互利、共同受益的原则，集中人、物、财力，以合作营销为突破口，加大宣传力度、营造旅游气氛、树立生态旅游整体形象。其次要加强网络营销，采用现代信息技术开展网上旅游促销。加强与旅游网站合作，在因特网上发布旅游信息；建立生态旅游网页，全面介绍"吃、住、行、游、娱、购"方面的情况，为旅游者提供最全面、最新和可操作的旅游信息；建立网上预订服务系统，包括客房、门票、导游服务、购物服务等，使游客出行更方便，可能性更大；最后要搞好各具特色的旅游活动，努力做好生态旅游市场开发服务，形成不同时段具有不同主题的节庆活动，展示生态旅游项目的丰富多彩。

相对于目前旅游风景区大规模的宣传促销，有些地方的乡村旅游还仅仅靠"回头客"及口碑传播，影响小，见效慢，要突出乡村意象。乡村意象在乡村旅游中所起的作用，如同城市中的标志性建筑所起作用一样，具有导向性。如江南"水乡之冠"的周庄、"小桥流水人家"的同里，以及"梦里老家"车溪，便属此类。

8. 大力提高农民素质　生态旅游若想蓬勃发展，"人才"是极为关键的因素之一。乡村旅游竞争的核心是人才的竞争。其中的关键，要处理好借助"外脑"与培养自身人才的关系。乡村旅游在发展之初，特别是在进行乡村旅游规划的时候，非常需要旅游专业人才的"外脑"，以引导乡村旅游走上正轨。对于日常的经营管理人才，有条件的可以自己培养，也可以从外面引进。生态旅游地应超前于产业发展来搞产业教育，大力进行人力资源开发，实施"人才工程"。加快生态旅游地农民从体力劳动者向知识型、智力型劳动者转变，是生态旅游深入发展的关键。

（1）资源意识教育。使农民认识到生态资源的珍贵性、独特性和特殊性，生态旅游的核心是农耕文化，但因长久身处其中，上好的旅游资本往往被忽视浪费。对生态旅游地农民进行"资本意识"教育，让其意识到农耕文化是一笔凝聚着几千年人类智慧的文化遗产，乡野大地不仅生产棉麻粮豆，更能衍生田园风光，而这田园风光比棉麻粮豆更贵重。只有在农民明白了自己身处的土地是多么珍贵的资源之后，才会明白保持乡土味、地方味才是他们真正应该做的，而不是一味建造一些低俗的娱乐设施。

（2）审美能力教育。旅游景观是"美的空间"的展现，从"普通农民"到"美的空间"的创造者的距离很大，他们向旅游者销售优美环境，传递农耕体验和乐趣，不具备较高的美学素养，就难以提供高品位的旅游产品。因此应该重视对农民的审美教育，只有农民学会了审美，才能真正将宝贵的旅游资源利用好。

（3）"跨文化能力"教育。生态旅游就是向都市游客销售"异"字。农耕文化与都市文化的对比度越鲜明，对都市人的吸引力越大。如果生态旅游地农民缺乏"跨文化能力"，很容易出现两种结果：①封闭保守，不善于利用现代文明给农村生活带来的方便，给都市游客造成不便和隔膜；②趋同于都市文化，失去本身的特性，进而丧失生态旅游文化魅力。对旅游地农民进行跨文化能力教育，就是要农民"知己知彼"，了解农耕文化与都市文化的区别，清楚两种文化各自的精华及互补元素，开放而又有所坚持，在多种文化的交流冲撞中吸收"它文化"来营养自己，吸收有利于发展生态旅游的"精髓"，去除一些庸俗、品味较低的"糟粕"。

9. 完善生态旅游立法 针对旅游产业对环境的特殊影响和累计性破坏，北京的生态旅游发展应该在国家有关生态旅游的相关法规和政策的指导下，根据实际制定更加明确、更加具体、操作性更强的法规和条例，努力使生态旅游的各项工作纳入法制化的轨道，做到依法经营和管理。如生态旅游区质量等级标准和实施细则、生态旅游区规划通则和资源管理条例等，特别是对新型旅游（如会议旅游）的具体规范。通过研究、制定一些新的法律法规，加快修改完善现有法律法规，形成基本完善的可持续发展法律制度，推动生态旅游走上更加健康发展的轨道。大力宣传、提升生态旅游法律意识和观念，推行低碳旅游，倡导绿色旅行，鼓励游客在游玩中做到环保、低碳。

四、北京农村现代服务业发展创新

都市型现代农业是城市化发展到一定阶段的产物，创意农业是都市型现代农业发展的最新形态，是适应大都市消费需求的、科技高含量、功能多样化、产业融合广的现代农业，是都市农业层次提升的必然趋势。在北京都市化发展进程中，它的生态功能、文化功能、休闲功能愈来愈明显，正在促使北京都市农业的优化升级。

（一）多功能都市农业跃升为现代服务业

如今的北京大都市现代农业圈，宜居、宜游、宜乐，在新的起点上向现代服务业跃升，成为拥有多功能的"城市服务器"。

1. 以深加工农业满足市民需求 经济发展、生活富裕，带来人们吃、穿、用品位的提升。尤其在北京这样的大都市，人们追求生活品质、讲求膳食结构等价值趋向日益彰显。围绕为首都居民提供充足的名特优、鲜活嫩的农副产品，满足不同层次的物质消费需求，同时保证生产者和经营者有较高的稳定收入，北京市农业的加工服务功能日臻完善。

当好首都"后勤部"、"后花园"，满足人们不断提高的生活需求，这是北京大都市农业发展中一篇做不完的文章。为此，北京市的农业生产并没有停留在初级农产品生产上，而是通过农业产业化，建立农副产品的生产、深度加工和市场销售的生产经营体系，对农产品进行精深加工，促进高附加值商品生产的发展，不断提高农业生产效益。不仅在数量上满足市民需求，更注重品质与安全的提升。

目前，北京市农产品加工企业的规模化发展，整体赢利能力已显著提升，农产品加工业集聚形态基本形成，集群效应日益凸显，知名品牌众多，品牌影响力逐步提高。京郊已建立 15 个基础设施完备、优惠政策多、一条龙服务到位的农产品加工示范基地，42 个重点小城镇已成为农产品加工业的重要聚集区，全市农产品共有中国驰名商标 27 个、北京市著名商标 112 个、农产品加工企业 1 853 家，其中规模以上农产品加工企业 493 家，规模以上农产品加工企业总产值达 618 亿元，实现总利润 24 亿元。

平谷区的大桃声名远播，种植面积达到 22 万亩，创造了桃园面积"上海大世界吉尼斯纪录"，赢得了中国著名大桃之乡的美称，全年产桃 28.9 万吨，总收入高达 9.44 亿元。自 20 世纪 70 年代至今，在北京地区乃至全国风骚独领。尽管如此，平谷区并没有故步自封。

"以有机食品桃为先导、绿色食品桃为主体、安全食品桃为基础"的精品桃业产销战略迅速展开。短短几年时间，通过采取农业、生物、物理防治病虫害等措施，平谷建成 10 万亩绿色大桃生产基地，11 万亩无公害大桃生产基地，1 万亩有机果品生产示范区，成为全国最大的有机桃生产基地。

制冷保鲜、气调保鲜、冰温保鲜、脱毒保鲜等技术措施，就在京郊大都市农业的发展中应运而生；116 个果品保鲜库的建成，果品储藏能力达到 6 800 吨；由此又孕育出一个华北地区最大的大桃批发市场和 10 多个分市场，使大桃除满足国内市场外，还远销到新马泰、韩国、日本、俄罗斯等 20 多个国家和地区。

如今，首都 60 多家饭店宾馆、400 多家商场、200 多个社区超市，都让大桃占有一席之地，大桃的直销、配送、专卖渠道逐步向中、高端市场延伸。

以桃产业为主轴，深挖桃产品系列的潜力，让桃产业无限提高附加值。京郊大都市现代农业的发展口号，喊到哪里就落到哪里！桃木梳、桃木剑、桃符、桃木手链、桃木坠、桃木生肖等 200 多个品种，还有"寿星"、"福娃"、"十二生肖"、"情侣"等系列桃果艺术品。件件完美精制的产品，无不显示出桃农的高超技艺。桃酒、桃花茶、桃花精油、桃休闲食品、保健品、调味品、食品添加剂等上百种产品，虽然是由高新技术合成，但也充分显示了桃农的聪明智慧。尤其从桃渣中提取的膳食纤维，被称之为第七大营养，每千克售价高达上万元。平谷大桃通过深加工，提炼出保健营养价值，不仅身价剧增，而且还具文化品位，其食用、观赏的价值深受首都人民的青睐。

北京农业不仅集约化程度和科技含量高，还形成了一条完整的产业链。目前，全市已建成一批产业聚集、辐射带动能力强的农产品加工示范基地和创业基地，规模以上农产品加工企业达到 500 多家，产值达到 600 多亿元。通过农产品精深加工，提高了附加值，促进了农业增效、农民增收，丰富了首都市民的菜篮子、米袋子。

2. 以休闲创意做火乡村旅游 位于密云县古北口镇汤河村的"紫海香堤艺术庄园"，依托城市资源，充实文化内涵，延伸产业链条，丰富体验内涵，以创意为切入点，打造"长城脚下的普罗旺斯"，形成了集养生、度假、休闲、体验、艺术创作、婚纱摄影、影视拍摄为一体的具有差异化和唯一性的都市型现代农业观光旅游区。

"创意一小步，市场拓千里"。在北京市农村，以创意为理念，以观光农业为切入点的创意农业，成为都市现代农业发展的一个"新景观"。新一代京郊居民赋予传统的农产品以新的功能，通过包装创意、栽培创意、用途创意、亲情创意等手段，为农产品注入文化元素，完成了农产品的工艺化过程，使普通农产品演变成商品、纪念品，甚至成为艺术品，农产品附加值大幅提高。创意农产品已经成为北京农业的亮丽名片。据统计，2010 年，北京市拥有创意农产品 30 余种类型、初具规模的创意农业园达 113 个、有一定影响力的创意农业节庆活动 60 多个，全市创意农业年产值已达 22.26 亿元。

创意产业开拓了北京市民的消费空间，工作累了有地方消遣，过节度假有地方游玩，拉动市民幸福指数不断攀升。要说到京郊乡村游玩观赏，就不能不说蟹岛度假村。

在蟹岛，四合院、三合院、传统的农家小院里，建立起村公所、戏台、小桥、流水、水井、辘轳等；陈列着碌碡、碾子、播种机、旋耕机、扇车等；展示着豆腐、粉条、饸饹盒、北京酱菜、烧酒、酱油、醋等加工工艺，一项项、一件件无不体现着浓郁的乡村文化气息。尤其是那座身高 8 米、建筑面积达 3.2 万米^2 的现代化连栋温室大棚，最让游人为之惊奇！大棚是集生态农业、农业展示、设施产业化经营等于一体的多功能建筑，也是京郊现代大都市农业中创意最新最大的典型项目。人们说，蟹岛就像是一个"小社会"，五脏俱全。这里恰似一座大型天然"动物园"，能看到在城里无法看到的鸡、鸭、鹅、猪、牛、羊等各种家禽家畜，吸引众多家长带未成年的孩子前来观看。单株可产千枚果实的番茄，产量达千斤的悬空白薯，单个超 150 千克的南瓜……精品展示区里那一件件新鲜的事物，像一块块巨大的磁石，牢牢吸住游人的脚步，引来声声不断赞叹。蟹岛里那集传统农家菜、粤菜、北京涮锅、西餐、韩餐五种风味为一体的生态餐厅，常常是用餐时辰未到，1 800 个餐位就被全部挤满。在蟹岛，人们走进由 70 多家欧洲厂商采集的万种顶级商品店铺，来到水面 3 500 多米^2，养殖品种超过 30 个品种的生态水产垂钓中心，进入瓜果田园里开设的羽毛球场、乒乓球场，购物、垂钓、打球、采摘……这种"三点游"的休闲新创意，着实将京郊的旅游市场又拉火了一把。

作为世界规模最大的啤酒节之一，慕尼黑啤酒节将首次落户北京。7月16日至8月15日，原汁原味引进慕尼黑啤酒的首届北京国际啤酒节将在蟹岛度假村举办。据蟹岛集团董事长傅秀平介绍，首届北京国际啤酒节将原装引进慕尼黑啤酒节的建筑和装饰风格的啤酒大棚、啤酒酿制工艺以及嘉年华游戏等，完全与慕尼黑相同，慕尼黑啤酒节的引进成为京郊农民华丽转身的又一例证。

然而在充满生机和活力的京郊大地，蟹岛只是北京大都市农业创新旅游事业的一个缩影。据了解，在京郊依托农业创意的桃花节、杏花节、农耕节、插秧节、采摘节等游玩活动数不胜数；继而打造的农家乐、休闲庄、农技园、观光园、民俗村，如雨后春笋般地破土而出。京郊大都市农业发展的升级，逐渐拉长了旅游服务业延伸链，农业休闲娱乐功能逐步显示出强大的生命力。目前，北京已初步建立起了服务首都、辐射全国、面向世界、结构优化、功能齐全、布局合理的产业体系，到2010年，第三产业增加值占GDP的比重应超过60%。金融保险、信息、旅游、房地产、会展、教育、文化、体育等产业已成为新的经济增长点。2010年仅旅游业而言，全市1 302个农业休闲观光园和9 970个市级民俗旅游户，全年共接待游客3 328万人次，比2005年翻了一番。

3. 以绿色农业打造首都宜居环境　农业不仅为人们提供鲜活的农副产品，而且还为人们带来清新的空气、洁净的水质和优美的自然风光，成为供市民放松身心的城市绿洲。因此，借助农业调节环境、平衡生态这一生态服务功能成为北京市农业发展的一个主攻方向。

在京郊平原地带，通过发展绿色生态农业，一批生态园林区、绿色屏障陆续建成，使整个城市充满生机和活力，极大地满足都市人价值观念更新、讲求生活质量、注重环境意识和回归自然的需求，打造了人与自然、城市与郊区和谐的生态环境。康庄镇位于延庆县西南部，地势平坦，农田作物成方连片，有市场依托条件，林带相连，道路纵横，村庄成片。不破坏大地生态景观，又发展了设施农业，现代都市农业与乡村风貌自然天成，一栋栋日光温室整齐划一，风吹不见尘、下雨不见泥。大棚里的新鲜蔬菜、水果丰富了首都市民的菜篮子，也鼓起了当地农民的钱袋子。

而在首都周边的山区，沟域经济高标准、高起点快速发展，带动了山区一轮又一轮的变化，成为首都生态宜居的强有力保障。实地踏访延庆区千家店，沿途山清水秀，风光旖旎，空气沁人心脾，令人陶醉。这些"入画廊"的山水，其实多是农民赖以生存的农田林地。黑河、白河两岸，退稻的农田里，杏树成行，杏花开时，全镇飘香；杏树下万亩黄芩，进入盛花期时，如薰衣草般开出紫色的花朵。深山里还有2 000亩向日葵，盛夏季节化作一片金灿灿的葵海……在农民的辛勤拾掇下，农田摇身一变，成为宜人的大地景观。这是北京市以山区自然沟域为单元，打造绿色生态、产业融合、高端高效、特色鲜明的沟域产业经济带带来的新变化。

北京市深入推进沟域经济，全面提升了山区的发展水平，生态环境大大改善。山区居民告别了千年采矿史，95％以上的宜林荒山实现了绿化，1 153 万亩生态林年增碳汇 967 万吨，77％的水土流失面积得到治理，林木绿化率和森林覆盖率分别达到 71.4％、51.8％，分别比全市平均水平高 18.8％和 15.1％；全市 7 个山区县有 6 个国家生态示范区（县），83 个山区乡镇中有 59 个市级环境优美乡镇，其中 32 个是"国家级生态乡镇"。

（二）北京农村文化创意产业发展建议

在新一轮全球化的背景下，创意性的技术和创意性的内容将会促成信息经济向创意经济转向。在我国，把发展创意产业和发展制造业紧密地联系起来，通过发展创意产业提高制造业的文化含量，实现制造业从中国制造到中国创造的产业升级换代，是发展创意产业的核心所在。实施产学研一体化的教育模式，对于大力推动北京现代新媒体创意教育、人才培养和文化创意产业，打造北京文化创意产业核心竞争力，塑造和提升北京现代国际大都市形象和地位，具有重要意义。

1. 北京农村地区文化创意产业发展现状 2006 年北京市公布了《北京市文化创意产业分类标准》，将文化创意产业分为 9 类，即文化艺术，新闻出版，广播、电视、电影，软件、网络及计算机服务，广告会展，艺术品交易，设计服务，旅游、休闲娱乐，其他辅助服务。目前，北京文化创意产业形成了软件、网络及计算机服务，新闻出版，广播、电视、电影和广告四大优势行业。2010 年，四大行业实现的业务收入占全市文化创意产业的比重达到 75.68％。其中软件、网络及计算机服务领域实现收入 847.1 亿元，占全市文化创意产业的 49.90％，成为文化创意产业的龙头行业。广告会展、艺术品交易等行业在全国范围内的影响力与日俱增，虽然有些传统的行业，如报纸、期刊、电视受到经济危机或是技术的发展带来的新媒体的冲击，遇到了发展的瓶颈，但是从全国的整体形势来看，这些行业在北京的发展形势还是较好的，整体上实现了平稳的增长。

目前，北京农村原生聚落式文化创意产业集群约有十几个，它们分布广泛，产业类型多样，其中具有代表性的主要有以下三个区域：以小堡、白庙、大兴庄等十几个村庄组成的宋庄艺术集群；以 798、草场地、黑桥、环铁、酒厂等几十个艺术区组成的 798 艺术集群以及以上苑、下苑、秦家屯、东新城、西新城组成的上苑艺术集群。这些创意产业集群既有完全自发的文化资源集聚模式，又有政府或企业介入引导的依托原有资源的集聚模式。

由于北京农村地区生态资源和文化资源的优势，"十一五"以来，文化创意产业已经成为北京农村地区经济发展的一个新增长点。2011年各功能区规模以上文化创意产业发展迅速，尤其是北京发展新区和生态涵养发展区（表3-8）。

表3-8　2011年郊区县规模以上文化创意产业发展情况

区县	从业人员平均人数（人）		收入合计（万元）		利润总额（万元）	
	2011	2010	2011	2010	2011	2010
全市	954 929	851 165	81 085 780	68 583 996	6 661 563	5 246 595
首都功能核心区	168 214	156 226	17 251 163.4	14 094 840.9	1 392 473	1 138 488
城市功能拓展区	685 278	590 029	57 612 236.2	48 912 741	4 928 890	3 868 984
朝阳区	194 782	167 991	19 558 588	16 255 134	956 190	635 547
丰台区	32 327	29 378	2 612 588	2 570 067	249 069	265 104
石景山区	23 051	18 506	2 052 185	1 659 766	295 101	256 055
海淀区	435 118	374 154	33 388 875	28 427 774	3 428 530	2 712 279
城市发展新区	86 781	89 372	5 659 798	5 101 825	313 519	237 094
房山区	8 560	4 021	1 567 637	1 313 666	9 516	14 862
通州区	16 974	17 570	926 174	780 199	24 054	23 265
顺义区	12 114	18 053	762 270	962 095	78 845	17 317
昌平区	19 706	20 492	893 385	733 666	102 041	71 256
大兴区	10 971	11 854	444 469	392 784	17 719	9 420
北京经济技术开发区	18 456	17 382	1 065 863	919 414	81 344	100 974
生态涵养发展区	14 656	15 538	562 582	474 589	26 682	2 029
门头沟区	1 117	880	79 530	42 910	1 680	3 991
怀柔区	4 358	3 785	132 569	98 232	−1 290	−10 535
平谷区	2 479	2 829	94 863	76 715	10 802	3 977
密云县	3 506	4 252	138 541	153 137	11 255	5 084
延庆县	3 196	3 792	117 079	103 595	4 235	−489

注：规模以上文化创意产业统计范围是指年主营业务收入500万元及以上的文化创意产业法人单位。其中，批发企业和工业企业年主营业务收入在2 000万元及以上。

资料来源：北京市分区县统计年鉴（2012年）。

如上所示，全市规模以上文化创意产业收入合计为8 108.57亿元，其中首都功能核心区1 725.12亿元，占21.28%；城市功能拓展区5 761.22亿元，占 71.05%；城市发展新区 565.98 亿元，占 6.98%；生态涵养发展区 56.26 亿元，占 6.94%（图 3-14）。

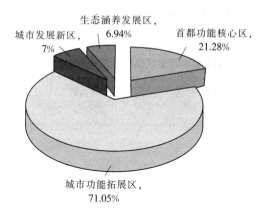

图 3-14　北京市各功能区 2011 年文化创意产业发展状况

有资料表明，从 2006 年起，北京市每年安排 5 亿元用于文化创意产业发展专项资金，支持文化创意产业发展。2006—2008 年，文化创意产业发展专项资金采取项目补贴、贷款贴息和奖励等方式共安排资金 15 亿元，支持重点产业项目 206 个，有效带动社会资金 146 亿元。在有关部门的统一协调和积极推动下，金融资本与文化创意产业的对接也在加速。北京银行、交通银行北京分行对文化创意企业开辟贷款绿色通道，截至 2008 年 10 月，北京银行、交通银行北京分行共审批文化创意类贷款项目 55 个，发放贷款金额 10.07 亿元。北京银行以版权质押方式为"华谊兄弟"提供 1 亿元的电视剧电影多个项目打包贷款。这是国内第一单无专业担保公司担保的"版权质押"贷款，也是迄今为止金融业为影视企业发放的最大一笔贷款。此外，北京文化创意产业投融资信息服务平台已组织 7 场项目发布会，累计为 130 多家企业（项目）发布股权转让及融资信息，为 12 个项目成功融资 1.8 亿元。

随着产业开放程度的提高，外商投资也越来越多地将目光投向文化创意产业。统计显示，北京市的港澳台和外商投资的规模由 2005 年的 622 家增加到 2007 年的 871 家，2007 年资产总额达到 1 248.5 亿元，比上年同期增长 27.1%；实现收入 1 373.6 亿元，比上年同期增长 26.9%，占文化创意产业总收入的 29.9%；实现利润总额 113.4 亿元，比上年同期增长 49.9%。良好的投资回报不断吸引着新的外资进入，文化创意产业利用外资规模不断增长。以朝阳区为例，2008 年该区文化创意产业新设外商投资企业 202 家，吸收合同外资 6.43 亿美元，同比增长 70.67%，实际利用外资 1.28 亿美元，同比增长 84.26%。

2. 北京文化创意产业发展存在的问题　北京文化创意产业虽然已取得一定的成绩，在国民经济中支柱地位已初步确定，但受体制、人才、环境等多方面因素的影响，其发展中还存在一定困难和问题。

（1）创意产业对经济增长方式转变的促进作用不足。经济增长方式的转变可以理解为驱动经济增长的主导要素发生了质的变化，经济增长所依赖的手段和途径发生了质的变化。创意产业是在制造业充分发展，服务业不断壮大的基础上形成的新兴产业。创意产业的发展需要相应的支持产业、配套产业、衍生产业的配合才能发展，同时创意产业的发展也必然会促进和带动这些相关产业的进一步发展，形成二、三产业融合发展的结果，成为城市经济和产业发展的新载体。另外，创意产业既有设计、研发、制造等生产活动领域的内容，也有信息、娱乐、商业等服务活动领域的内容，因此发展创意产业可以作为经济增长方式转变的一个切入点，增加创意产业在 GDP 中的比重，可以直接改善产业结构，提升产业的附加值和竞争力。从 2005 年和 2007 年来看，创意产业自身的利润和税金增长很快，分别达到了年增长率 51.9％和 28.3％。可见其产业内部组织作用和活力比较强，2005 年至 2007 年文化创意产业分别实现增加值 700.4 亿元、812 亿元和 992.6 亿元，其中 2007 年较 2006 年增长值达 17.9％。与创意产业内部的快速增长相比较，创意产业在三年中资产增加值在全市 GDP 的比重几乎没有增加，分别为 10.2％、10.3％和 10.6％，远没有达到和超过传统产业对 GDP 的贡献率，这一方面表明创意产业对促进北京产业结构升级和经济增长方式转变的作用还不明显。另一方面也表明创意产业尚处在开发的阶段，还未很好地完成与传统产业的融合，对提高制造业的附加价值作用尚待提高。

（2）北京文化创意产业的市场化程度不高。北京文化体制改革相对滞后于文化创意产业的发展，文化创意产业与文化事业的管理职能没有完全分离，文化市场按部门、行业和区域条块分割，使本应完整的文化链条发生断裂，造成经营管理上的诸多困难，市场配置资源的基础性作用没有得到充分发挥。受体制制约，北京市文化创意产业中，如文化艺术、新闻出版、广播影视领域仍然存在市场化不足的问题。以新闻出版业为例，北京期刊业中，中央各部门主办的行政性期刊占有较大比例，近 3 000 种期刊中仅约 200 种期刊由民营资金所控制，100 多种期刊引入外资；虽然部分国有出版机构已经转制成企业，但事业单位的管理模式尚未完全改变，权力介入出版经营，造成管办不分，出版单位缺乏活力和市场敏感性，不适应市场经济的发展。

（3）北京文化创意产业尚未形成完整的产业链。同发达国家完善的创意产业体系比较，北京市创意产业链仍然存在着价值链环节短、增值不足、横向链接不够等问题，尚未形成完整的、顺畅的、高效的产业链，表现在以下几个方面：一是在创意产业内部以中小企业为主，与外部产业之间没有形成完整联系体系，行业间关联度低，产业内部未能实现原创产品、关联产品和衍生产品之间的互动发展，严重制约了创意产业的规模化效应。二是融资渠道不畅，由于中小企业抗风险能力较差，企业在融资方面存在困难，资金问题成为制约企业发展的重要因素。三是缺乏创意人才和原创性作品，内容单一，难以形成有特色的支柱型行业，北京创意产业还没有形成完整的人才体系，占据产业链条前端和末端的创意和经营人才是链条上最为薄弱的两个环节，且北京创意产业内部具有民族性的、特色性的原创作品严重不足，文化资源尚未有效地转化为文化资本。

（4）创意不足，文化优势远未转化为产业优势。北京文化资源丰富，拥有丰富璀璨的历史文化遗产，融合了我国不同历史时期、众多民族的优秀文化，聚集了一大批享誉全国的文化名人、文学家和艺术家。但是，北京文化创意产业发展中创意水平相对较低，文化资源优势尚未转化为产业优势。以动漫产业为例，虽然我国动漫产业迅速发展壮大，但我国仍然是一个动漫消费大国而不是生产大国，美、日、韩等国家的动漫产品占据市场主导地位。

技术创新能力较弱也是制约北京文化创意产业竞争力提升的关键因素之一。如动漫网游产业原创部分的电脑绘画环节所使用设备——数字绘画板的关键技术长期被国外厂商垄断，导致数字绘画板等专业设备在国内的价格居高不下；自主知识产权的 TD—SCDMA 标准虽然打破了长久以来移动通信终端标准被国外标准所垄断的局面，但由于该标准的系统设备、专用芯片及底层软件等技术局限，还难以支撑移动电视、移动音乐、移动游戏等移动增值服务业发展。

（5）缺乏品牌，龙头企业带动作用有待增强。北京虽然已涌现出一批全国知名文化创意企业，但整体数量、规模、经济效益等方面，都与发达国家和地区存在很大的差距，缺乏具有较强竞争力的大型跨国企业集团，难以带动整个行业的发展和国际化整体水平的提升。以影视传媒业为例，美国有以时代华纳为代表的 25 家跨国影视传媒企业，其中 6 家企业年销售额在 15 亿美元以上，业务范围涉及报纸、杂志、电视、广播、有线电视网络、多频道节目供应、视频分配等多个领域，而北京影视行业规模较小，目前仅有歌华等少数具有影响力的传媒集团，还没有形成跨媒体、跨地区、跨行业的大型传媒集团。

（6）创意人才不足，知识产权保护力度不够。北京文化创意产业人才不足已成为制约产业发展的重要因素。以动漫游戏产业为例，尽管国内开设动漫游戏专业的高校有近百个，但培养的人才以低端制作人员和高端纯研究人员为主，人才结构失衡，创意、创作人才缺口非常大。据统计，我国仅影视动画和影视特效人才缺口就达 15 万人。现行的知识产权保护环境与文化创意产业对知识产权保护的需求之间存在较大差距。尤其是数字信息类的文化创意产品和服务，由于其可复制性及复制成本的低廉性，对知识产权保护提出了更高的要求。例如，北京动漫游戏产业是在与侵权盗版违法行为斗争中艰难成长起来的。三辰公司作为北京动漫产业的龙头企业，随着自主动漫品牌"蓝猫"知名度的与日俱增，公司遭遇到不少侵扰。"蓝猫"创作出一本《蓝猫淘气3000问》，紧随其后就有某音像出版社出版了《淘气猫三千问》，假冒"蓝猫"产品的黑盗版所攫取的利润约为正版"蓝猫"的9倍。

北京作为全国的文化中心，文化创意产业的发展取得了一定成绩，但同时也应看到，北京文化创意产业的发展规模和速度，与全国文化中心的功能定位还不相称，与国外文化创意产业国际化程度较高的地区相比，差距仍然较大，还存在以下问题。一是市场准入受限，市场配置资源的基础性作用未得到充分发挥，应逐步放宽文化产业市场准入限制。二是部分领域还处于产业化的起步阶段。从目前发展状况来看，设计和动漫这两个领域还处于产业化的起步阶段，尚未形成完整的产业链条。三是自主知识产权匮乏，自主创新能力不足，竞争力较弱。四是文化体制改革相对滞后，文化产业结构有待于进一步的优化。五是缺少具有国际竞争力的大型跨国文化创意企业集团。

3. 北京农村文化创意产业发展建议　北京文化底蕴深厚，创意资源丰富，具有许多国内其他城市和国外城市所不具备的国际化条件。北京发展文化创意产业，应充分挖掘和利用这些优势条件，抓住全球文化创意产业国际化的有利机遇，实施国际化发展战略，不断提升北京文化创意产业的国际竞争力。

（1）创新文化创意产业出口促进组织。产业发展的基础在于市场。在全球化时代，参与国际间的竞争是北京创意产品和服务能否获得更大产业发展空间的关键所在。目前，北京文化创意产业国际化发展刚刚起步，借鉴发达国家国际化发展的成功经验很有必要。发达国家文化创意产业国际化发展经验表明文化创意产品出口支持等方式，在文化创意产业国际化发展过程中发挥着重要作用。美、英、日、韩等国更是充分利用国家政治、经济、外交等资源，大力推动本国创意产业产品的出口，拓展海外市场，并借以扩大本国的文化影响力。如韩国政府就斥巨资支持企业参加在中、美、日、德、法等国举办的文化产品展销活动。借鉴发达国家的经验，大力扶持、鼓励、扩大创意产品和服务出口。建议借鉴英国"文化创意产业输出推广顾问团（CIEPAG）"，成立文化创意产业出口辅助组织，加强产业基础研究、出口政策研究，收集和发布统计数据，全面掌握北京文化创意产业国际化发展状况。跟踪国际文化创意产业发展的最新趋势以及各国推动文化创意产业国际化的相关政策措施，为政府制定文化创意产业国际化政策提供信息支持；对文化创意产业各具体行业的国际化发展提供咨询建议，并对文化创意产业各行业部门间的协调合作机制建设提供咨询建议。

（2）加大对创意产业国际化的政府支持。由于中国在国际经济合作的利益分配格局中仍处于低端地位，中国企业国际化经营存在许多困难和障碍。政府扶持是中国企业参与国际竞争、改善贸易条件的重要前提。政府应加大对创意企业开展国际化业务的支持力度。政府应该在国际人才的引进、文化创意产品出口、创意产业国际化销售网络建设、创意企业之间的信息交流平台建设以及高级创意的融资等方面给予更大力度的支持和优惠。根据 WTO 和反倾销协议、反补贴措施的规定，发展中国家可以在技术研发方面和科技创新方面给予政府补贴和其他方面的政府支持。

（3）加大知识产权保护力度，大力发展版权贸易。知识产权是文化创意产业生存和发展的关键，是文化创意产业的核心。在美国，文化创意产业就直接被定义为版权产业。对产品的原创性的承认和保护，其实就是尊重和承认个人创造力的价值。由于目前创意和创新存在很多不确定性，而且创新成果又非常容易被盗用、流失，使得创意和创新要求的版权保护环境比其他投资要苛刻得多。美国发展创意产业，一方面，密切关注技术变化及国际市场的竞争趋势，另一方面，尤其注重对创意产业核心版权的保护。

文化创意产品的价值主要体现在创意和创新环节的收益上，因此发展文化创意产业要高度重视知识产权保护。北京文化创意产业国际化发展也应加强知识产权保护，充分保护本地企业创意产品在国际市场中的知识产权。打击文化创意市场盗版侵权行为，对举报侵权行为给予奖励，营造尊重和保护知识产权的法制环境；针对企业自身的知识产权保护意识不够，加强知识产权教育培训与宣传，引导文化创意出口企业建立知识产权管理应用体系。

版权贸易是文化创意产业链的高端环节，目前，北京的版权贸易尚未发挥对文化创意产业的支撑作用，为使其文化创意产业走上规范、有效、可持续的发展模式，必须重点推动版权贸易发展，完善文化创意产业链。

（4）培育一批大型跨国文化创意企业和知名品牌。北京文化创意产业国际化发展还缺少本土有竞争力的文化产品及有国际影响力的大型企业。全球第二大媒体娱乐公司迪斯尼公司，其业务涉及电影、主题公园、房地产以及其他娱乐事业等多个领域，其一年的收入相当于整个中国动漫市场的 10 倍。

培育本土文化创意产品和大型企业，关键是要充分挖掘本土文化特色。文化创意产品的消费者对产品中所蕴涵的文化内涵的理解以及极具个性化的主观感受直接决定产品的实际价值。例如，美国发展文化产业非常典型，通过文化产品输出美国的文化价值观，并通过文化产品影响人们的观念来进一步培育消费市场。因此，北京文化创意产业国际化，要充分挖掘和利用中国文化和北京地域文化资源丰富的巨大优势，通过创意产品，一方面体现我们的文化内涵和价值，突出和强调北京古老深厚和时尚文化特色，同时，要创建出北京自己的文化品牌和风格，使文化创意产业获得更为广阔的国内和国际市场，并通过文化创意产业国际化发展塑造文化北京、创意北京的新形象。

（5）构建起创意人才高地，加快人才的培养和引进。文化创意产业的灵魂是创意，而创意的核心是创新型人才，因此文化创意产业的国际竞争，归根到底是人才的竞争。从近10年经验来看，各国创意产业的发展无不得力于各国创意人才的教育与培养。仅以韩国游戏产业为例，2005年游戏产业市场规模达到43亿美元。韩国游戏业在短短几年中之所以获得高速发展，与其丰富的人力资源的强大支持分不开的，有288所大学或学院设有游戏相关专业，其中政府指定赞助的大学及研究院游戏专业就有106个。

推动北京文化创意产业国际化发展，需要聚集一大批高层次、高素质的文化创意人才。北京拥有丰厚的文化积淀和智力资源，但开发与利用水平则相对较低，与北京各类创意人才相对缺乏有密切关系，特别是具有丰富文化创意设计和产业运作经验的国际化专业人才。因此，应把大力培养和引进文化创意产业人才放在产业发展的重要位置，重点是加强软件设计、动漫、网络游戏和影视等领域的创意人才、高级管理人才的培养和引进。要站在国际化的高度重视创意人才的环境建设，创造适合国际化创意人才的生态环境，如制度环境、生活环境、交往空间、社会氛围等。一般来说，创意人才都十分在意其生活方式，大多适应于国际化、快节奏的都市环境，比较关注生活环境的艺术氛围、博物馆文化和丰富的夜生活，城市生活质量的好坏在很大程度上影响他们去留的决定。北京应充分发挥北京文化、科技和教育优势，形成适宜创意人才所需的生活方式，这将有助于促进创意人才的聚集，吸引、留住创意人才。

（6）创新商业化运作模式。与国外文化创意产业国际化程度较高的地区相比，北京差距仍然较大。北京文化创意产业尚未形成完整、顺畅、高效的产业链。其中，内容创意和交易传播是北京文化创意产业的薄弱环节。北京文化创意产品和服务贸易发展规模和速度与其作为全国科技文化中心的功能定位还不相称。文化营销能力不足是制约北京文化创意产业国际化发展的突出问题之一。北京包括影视、广播、出版、网络等在内的传媒产业在国内具有明显优势，不乏好的作品，但是缺少的是成熟的商业化运作体系。要使文化产品走向世界，必须重视营销渠道的建设。目前，北京可以先选择一些骨干企业与国外一些管理规范、技术先进、资信可靠的知名集团、跨国公司进行合作，利用他们的网络和发行渠道，使其出版物、音像制品等更多、更快地走向世界。搭建文化创意产业的国际交流平台，加大文化创意产业、企业的宣传推广力度，举办以"文化创意产业"为主题的国际文化创意节、博览会、高层论坛、专家研讨会等。

（三）北京农村现代服务业发展之创新

世界经济发展的历程表明，经济发展水平的提高是一个伴随着经济结构不断优化和调整的过程，其中，较为明显的特征就是服务业贡献率占国民收入的比重不断提高。农村传统服务业基础上发展而成的，主要包括为农业生产服务的"生产现代服务业"和为农民生活服务的"生活现代服务业"两大体系，它们共同组成了农村现代化建设进程中的原动力。农村现代服务业具有"知识密集型服务业"的特征，具有经济贡献率大，吸纳就业量多的特点。我国农业生产服务业通常包括通信、信息技术、金融、物流、电子商务、教育、医疗等行业。在我国，由于长期的二元经济结构存在，导致农村的现代服务业发展远远落后于城市现代服务业的发展，形成了我国当前解决"三农"问题的羁绊。随着我国经济向"十二五"阶段迈进，转变农业增长方式，提高农民生活质量成为当前农村经济发展的核心任务。因此，创新发展农村现代服务业是我国农村经济建设的迫切需求。

1. 北京农村现代服务业存在刚性需求

（1）农村居民消费结构变迁对现代服务业结构调整的需求。居民消费结构的变迁是发展现代服务业的强大动力，也是现代服务业结构调整的依据所在。首先，随着我国农村居民收入水平的提高，农村居民消费结构发生了较大变化。其次，农村人口结构变化，也促使农村居民消费结构发生了巨大变化。进入 21 世纪，随着我国老龄化问题出现及城镇化政策的推进，当前农村人口结构呈现了老龄化加速、流动性增大等特点。以上因素都促成农民由简单的生存型传统服务消费转向享受型、发展型的现代服务消费转变。农民偏好和需求越来越呈现多样性。实践表明，医疗保健、交通通讯、教育、现代物流等现代服务业正保持高速增长势头，这些都将促成我国现有农村服务业不断调整与升级，最终发展为现代农村服务业。

（2）可持续发展对农村现代服务业的需求。由于土地、资金、能源、环保、产能等硬约束条件，经济在其发展过程中越来越受到外部资源要素供给能力的制约，部分行业高投入高消耗的外延式发展模式受到质疑。而服务业的低能源消耗、低环境污染、高就业吸纳能力却具有明显比较优势。尤其在强调资源有效利用和保护生态环境的可持续发展战略引导下，对自然资源、环境依赖程度相对较少的服务业将更符合未来产业发展政策的要求。故此，农村在城镇化发展进程中，不要盲目模仿城市向工业化发展，可借助自身优势，大力发展农村在物流、商贸、旅游等相关特色现代服务业。

（3）农村产业化发展对现代服务业的需求。农村产业化发展，会使农村生产分工更加专业化与精细化，必然派生出对多种农村现代服务业的需求。高效的农产品流通业、信息发达的电子商务业及提供融资的金融业等现代农村服务业是农业产业化发展的必要保障。如通过农村现代物流业可以快速建立国内外的营销市场，引导农户生产符合国内外消费市场需求的标准绿色农产品，将生产市场与消费市场有效对接。再有，农村产业化进程的加快，必将产生大量的富余劳动力，服务业由于具有分布广、易于吸纳劳动力的特点，因此，大力发展农村现代服务业可以吸纳大批农村富余劳动力就业，提高农民收入。

"十一五"以来，随着北京城市规模的扩大，城市核心区人口向郊区疏散，北京农村依其生态资源和空间资源的优势，现代服务业得到了迅速发展。遍布郊区的乡村酒店、休闲农场、生态休闲度假区，现代物流园区、现代商贸区、文化聚集区、大学园区、教育医疗等现代服务业不断提速。例如房山区长阳的中央休闲购物中心（CSD）、通州区台湖的北京图书城、顺义区的国际鲜花港等。

2. 北京农村现代服务业存在的问题　改革开放以来，北京在餐饮、商贸等传统农村服务业基础上，农村现代服务业发展迅猛。各地区已初步构建了多成分、多形式的农村现代服务体系。然而，在发展中却存在如下较为突出矛盾。

（1）农村现代服务业发展相对滞后。由于投入不足等原因，导致现代的农村服务业所占比重相对偏小，拉动区域经济作用不够显著，且层次结构不尽合理，生产性与生活性服务业发展偏缓。同欧美发达国家相比，大多数农村现代服务业仍处于起步状态。医疗、保障、教育等与农民生活相关的服务业发展较为滞后。同时，由于农村服务业发展的滞后，使得农村人口生活质量相对偏低。农民缺乏必要的生产和生活环境，导致农村人才、资本等生产要素的流通不畅。

（2）农村现代服务业仍存在较强垄断性。农村部分行业、部门仍存在着较强垄断性，市场开放程度不高。尤其是在农村教育、医疗、社会保障、金融等方面长期处于垄断局面，使得这些领域的服务业停滞在较低发展水平，与国民经济的高速增长不相匹配。例如在北京农村基础教育中，虽然普及九年义务教育已经取得了历史上突破。然而，农村的基本普及教育还只是处于初步的、低水平、不平衡水平，城乡教育上在资金、设备、师资等方面的差距仍然在扩大。很多农村中小学仍没有达到国家规定标准。不少农村学校设备陈旧、师资匮乏、农村教师得不到必要的教学配备及资料。

（3）农村服务业滞后造成城乡差距进一步扩大。农村生活性服务业的滞后发展使得农村人口生活质量相对偏低。农民收入较低，缺乏必要的、优质的生产和生活环境，最终导致农村人才流向城市。农村生产性服务业的滞后发展使得资本等生产要素流通不畅，严重制约农村经济发展水平。在农村，生活性服务业与生产性服务业都相对滞后，城乡差距随之进一步扩大。

3. 北京农村现代服务业的创新发展　　农村现代服务业发展与创新发展是密不可分的，从某种意义说农村现代服务业发展本身就是一个不断创新的过程。特别是新农村建设背景下的农村现代服务业创新，更具有特殊的意义与应用价值。

（1）借鉴先进理念，创新发展模式。农村现代服务业发展首先要进行理念的创新。借鉴美国农村服务业的发展经验：在美国，从事农业生产领域的人口只占总人口的 2% 左右，而从事与农业生产有关的生产、供应和农产品加工、销售以及为农业生产服务的人口却至少占到了总人口的 15% 以上。可见，美国农村服务业实际上就是农业产业体系不断延伸、完善、升级的过程。因此，发展农村的现代服务业不是单纯、盲目发展，而是要以农村产业升级与优化为核心，带动农村生产性与生活性服务业发展。当前，围绕着我国农村生产性服务业发展较为缓慢，表现为农村物流业与金融业较为薄弱，很多农村特色产品没有好的销售渠道，好的产业项目没有足够资金予以支持。显然，农村现代服务业发展应从农村自身产业需求入手，予以创新发展。

（2）完善政策法规，健全制度机制，切实保障农村现代服务业健康发展。健全的法律法规，是做好农村现代服务业发展工作的基础和保障。目前，我国在农村服务业方面的相关立法仍相对滞后，建议将制定规范农村服务业发展的相关法律，作为全国人大"十二五"以来立法工作重点之一，使农村服务业特别现代服务业的发展，逐步走上法制化轨道。同时，制定国家农村现代服务业发展总体规划，出台相关政策措施，加大在资金、土地、税收、体制、人才等方面的扶持和引导。

（3）鼓励和支持城乡服务业的产业衔接化。我国城乡经济社会发展的不平衡，造成了城乡服务业之间的巨大差距。做好城乡服务业的产业衔接，是发展农村现代服务业的必然要求。建议鼓励各种企业将产业链和服务范围延伸至农村，支持和引导多种经济成分参与农村现代服务业的投资与经营管理，积极发展多种经营形式的农村现代服务企业。并进一步加强城乡基础设施和农村公共服务设施的建设，全面带动城乡一体化和农业现代化。

（4）大力加强农民专业合作经济组织。大力发展农民专业合作经济组织，提高农业和农民组织化程度，既是农村现代服务业发展的基本前提之一，更是农村和农业全面发展的必然要求。建议借鉴日本、中国台湾省等地的做法，设立一个全国性的农民专业合作经济组织，赋予其农业生产指导、农产品销售、农村生产生活资料集中采购、农村信用合作、农业保险等职能，使之成为农业生产的指导者、农民利益的保护者和农民福利的保障者。并支持各地做大做强一批大型农民专业合作经济组织，形成上下贯通、左右互联的组织网络，切实提高农业和农民的组织化程度。

　　（5）加快相关领域的发展和改革步伐，为农村现代服务业健康发展创造良好环境。一是加快农村金融改革与发展进程，积极发展适合农村需求特点农村金融机构，创新适应农村发展的金融产品和担保方式，加大农村信贷资金对于农村现代服务业的投放。二是继续推进物流业的改革和发展，进一步降低农副产品物流成本。三是引导高水平经营管理者到农村发展现代服务业，加大对农村现代服务业从业人员的技术培训，鼓励高校把更多科技成果投向农村，进一步健全农业公共科技服务体系。四是进一步加快三网融合，推动网络下乡工程，加快建立农村市场信息服务系统、农产品交易系统和农业生产科研信息系统，建立全国统一的农村信息化体系。

第四章
北京农村生态工程建设研究

【摘要】生态工程是指应用生态系统中物质循环原理，结合系统工程的最优化方法设计的分层多级利用物质的生产工艺系统，其目的是将生物群落内不同物种共生、物质与能量多级利用、环境自净和物质循环再生等原理与系统工程的优化方法相结合，达到资源多层次和循环利用的目的。如利用多层结构的森林生态系统增大吸收光能的面积、利用植物吸附和富集某些微量重金属以及利用余热繁殖水生生物等。北京农村是生产和加工生态服务产品的主要基地，加强北京农村的湿地建设工程、森林保护和建设工程、生态保护和修复工程、节能减排工程，对推进生态服务工程建设对实现首都北京空气清洁、环境优美、社会和谐意义十分重大。

【关键词】节能减排　生态修复　湿地建设　生态园林建设　北京农村

一、北京农村湿地保护和建设研究

湿地通常指天然或人工、长久或暂时性的沼泽地、湿原、泥炭地或水域地带，带有静止或流动，淡水、半咸水或咸水水体，包括低潮时水深不超过 6m 的水域。湿地介于水陆之间，由于"边缘效应"的存在，使得湿地成为具有多种功能的独特生态系统，也是自然界最富生物多样性的生态景观。湿地是人类赖以生存的家园，湿地是"天然蓄水池"，湿地是全球最大的碳库，湿地具有很强的降解和转化污染物的能力，湿地也可称为"生物超市"，它具有高度的生物多样性。湿地作为区域经济社会发展的稀缺资源，素有"地球之肾"的美誉。保护和合理利用湿地是区域经济社会发展的重要路径，已成为全社会普遍关注的热点。北京市湿地的特点一个是生物多样性非常丰富、位置非常重要、人工湿地较多，其发展瓶颈主要涉及缺水、法律缺失、质量堪忧、投资不足，其发展对策在于完善法律制度、强化保护措施、提升管理质量、追加更多投入。

（一）京郊湿地建设现状

北京市湿地有 4 个特点，第一个特点是生物多样性非常丰富，根据调查，应该说有 50％的野生植物是生活在湿地范围中，有 72 种野生动物生活在湿地范围中。野生动物中的鸟类有 70％多也是生活在湿地当中。所以说北京的湿地是生物多样性最丰富的，也是生物多样性保护的区域。第二个特点是北京湿地的位置非常重要，在首都，承载着为 2 000 多万人口服务的功能。第三个特点是人工湿地多。经过上次的调查，有 46.4％的天然湿地，有 53.6％的人工湿地。第四个特点就是跟北京的气候有关系，北京湿地严重缺水，现在有水的不太多。

　　北京湿地主要有以下五个类型：一是河流湿地。北京分布着大小河流 200 余条，总面积 138.22 千米^2，分别属于海河流域的 5 大水系，即大清河、永定河、温榆—北运河、潮白河及蓟运河。一些重要河流有：永定河、拒马河、潮河、白河、妫水河、怀沙河、沙河、汤河、北运河、泃河、安达木河等，总流向自西北向东南。河床两侧有较大面积的河漫滩分布，土壤类型以褐土和山地淋溶褐土为主。流域植物丰富，种类繁多，有沉水植物、浮水植物、挺水植物、湿地草本植物、灌木和小乔木等植物群落类型；二是水库湿地。北京建有大、中、小型水库 85 座，水域总面积为 208.75 千米^2，总库容 93 亿米^3，大多数分布在北部和西部山区。主要水库包括：密云水库、官厅水库、怀柔水库、海子水库、十三陵水库、白河堡水库、珠窝水库、斋堂水库、崇青水库、沙河水库、沙厂水库、西峪水库等。其中最大的为密云水库，面积 91.86 千米^2。水库湿地一般水位较深，植被稀少，水中仅有少量沉水植物，在岸边及浅水沼泽地带也常有挺水植物及湿生植物生长；三是湖泊湿地。北京的天然湖泊湿地（包括城区公园湿地）有野鸭湖、杨镇湿地、南海子湿地、顺义白石桥湿地等，湖水总面积超过 10 千米^2；城区公园湿地主要分布在城区，主要包括翠湖、颐和园、圆明园、紫竹院、北海、后海、中南海、玉渊潭等。水源主要来自密云水库、官厅水库及地下水补给，其次是工厂排水及灌溉退水补给。水深一般为 2～3 米，水面面积约 7 千米^2。公园湿地内多以人工草坪、人工林地为主，也有部分公园湿地内分布有芦苇、莲、香蒲等；四是人工湿地。北京在水库与平原区、城区之间修建有护城河、京密引水渠、永定河引水渠、潮河总干渠、白河引水渠等，总面积为 28.7 千米^2，其中，京密引水渠为 1.96 千米^2、永定河引水渠为 0.44 千米^2、潮河总干渠为 5.63 千米^2、白河引水渠为 1.77 千米^2。人工水渠一般为水泥护岸，植被稀少，常仅有少量人工绿化树木及地被植物；五是坑塘、稻田湿地。大多数分布在离水源（如河流、水渠、水库等）较近的区域，分布总面积约为 71.95 千米^2，其中，84.6％集中在昌平、顺义、通州、大兴、平谷等区县。此外，在密云水库上游的白河流域、延庆县境内的官厅水库湖畔等也零星分布着水田。坑塘、稻田中的挺水植物及沼生植物发育良好，种类丰富。此外，北京湿地中还有少量水库堤坝及拦河坝等类型。

资料显示，北京农村湿地占全市湿地 98.96％，基本地处农村，其中远农村占多数。湿地也可以依据形成原因即天然——人工湿地予以分类，或依据重要程度即重要——一般湿地予以分类，如表 4-1 所示。

表 4-1 北京市分区县湿地面积现状 *

名称	总面积（公顷）	类型				各区县湿地面积占全市总面积比例（％）
		天然湿地（公顷）	人工湿地（公顷）	重要湿地（公顷）	一般湿地（公顷）	
密云县	10 914.0	1 868.9	9 045.1	9 320.5	1 593.5	21.2
通州区	7 910.3	2 722.2	5 188.1	0.0	7 910.3	15.4
房山区	4 808.2	3 096.1	1 712.1	704.5	4 103.7	9.3
大兴区	4 446.4	3 349.3	1 097.1	0.0	4 446.4	8.6
门头沟区	3 899.5	3 375.7	523.8	3 149.0	750.5	7.6
延庆县	3 694.6	1 214.5	2 480.1	3 140.4	554.2	7.2
平谷区	3 324.7	1 365.0	1 959.7	522.0	2 802.7	6.5
怀柔区	3 099.4	1 804.9	1 294.5	1 931.0	1 168.4	6.0
昌平区	2 187.5	1 273.7	913.8	0.0	2 187.5	4.3
顺义区	2 001.5	1 591.1	410.4	172.6	1 828.9	3.9
朝阳区	1 691.2	530.9	1 160.3	0.0	1 691.2	3.3
海淀区	1 491.3	326.4	1 164.9	419.1	1 072.2	2.9
丰台区	1 419.2	1 133.8	285.4	11.4	1 407.8	2.76
石景山区	257.3	199.6	57.7	0.0	257.3	0.5
全市总量	51 434.1	23 852.1	27 582.0	19 525.0	31 909.1	100

注：表中合计一栏为北京市总面积数。

野鸭湖湿地是北京市最大的湖泊湿地。野鸭湖是官厅水库延庆辖区及环湖海拔 479 米以下淹没区及滩涂组成的人工湿地，保护区总面积为 6 873 公顷，其中湿地面积达 3 939 公顷，是北京唯一的湿地鸟类自然保护区。经过 50 多年发展形成了动植物资源丰富、生物多样性和稳定性较高的湿地生态系统，成为北京地区甚至华北地区重要的鸟类栖息地之一。该保护区动植物资源十分丰富，据统计，野鸭湖湿地高等植物有 89 科 231 属 389 种，其中苔藓植物 16种，隶属 9 科 9 属；蕨类 8 种，隶属 5 科 5 属；裸子植物 7 种，隶属 3 科 5

* 陈海燕等 . 2011. 北京湿地现状与分析 . 林业资源管理，2（1）。

属；被子植物 358 种，隶属 72 科 212 属。野鸭湖的鸟种总数达 264 种，有国家一级保护动物 6 种（黑鹳、东方白鹳、白头鹤、大鸨、金雕、白尾海雕），国家二级保护动物 34 种。鱼类共有 5 目 9 科 40 种，两栖类共有 1 目 3 科 5 种，爬行纲共有 3 目 4 科 7 种，兽类共有 5 目 6 科 10 种，昆虫类共有 12 目 61 科 182 种，淡水浮游动物中原生动物门 63 种，轮虫动物门 35 种，甲壳枝角类 12 种（图 4-1）。

图 4-1　北京野鸭湖湿地公园

（二）京郊湿地发展瓶颈

1. 水资源短缺　北京湿地缺水的原因是被一些地方截流了，自《北京市湿地保护条例》实施之后对这一块有没有硬性的要求或者是规定。针对目前的实际情况，除了实事求是地提出北京的湿地保有量以外，在湿地的修复和恢复上主要提出的是要利用雨洪水和再生水。另外，在重点保护区域还规定了维持一定的生态用水，这些都是为了使自然的生态系统比较稳定，不失衡，另外也能达到人类赋予它各种的生态效益，规定应当说是很严的，其中在起草当中还研究过不能切断湿地的供水系统，这个在湿地当中有一些其他方面的考虑。但是在保护湿地的过程当中，应当说是非常关注湿地的补水和来水。

在三大生态系统中，湿地生态系统受环境污染危害的程度最为严重，水质污染是湿地面临最主要的威胁之一。随着国民经济的快速发展，工农业生产和居民生活所产生的污染源也随之大量增加，而湿地成为工农业废水和生活污水的主要承泄区。近年来，全市地表水环境质量仍在下降，近河网和城市内河污染仍然严重，水体富营养化程度显著，生物群落结构发生明显变化，水产养殖生物质量不容乐观。湿地环境面临的威胁仍然十分严峻。

2. 法律制度欠缺 北京在制订《北京市湿地保护条例》的时候其实比较难的是没有上位法作为依据，这个也是湿地保护起步比较难的现状。在国家层面上并没有上位法可依据，尽管大家都认识到了湿地保护的重要性，但是除了立法层面上没有国家层面的可依据，再一个就是对湿地保护的整体理念和措施也没有统一或者是共识的东西。起步虽然是一个难点，但是给北京的地方性法规制订提供了一个空间，针对北京的实际情况来谋划或者是搭建北京的湿地保护的隔距，特别是湿地保护的谋篇建章上给予了发挥的余地。

3. 管理质量提升 现有的湿地质量也不是非常好，把它的质量提升相当于功能的扩大，也可以说起到面积扩大的作用。生态系统实现一定的生态功能或者是有一定的完美结构，首先是把结构建起来，再后续建设、完美。建起来之后就像您看到的很漂亮的湿地更多的是后续管理没有跟上，比如说开始的时候有一笔经费保障水源，后期水源被截走了，还有比如说过多的人进来旅游，可能就破坏了湿地的环境，鸟也不来了，草也没有了，可能旅游管理上没有跟上，水受到了污染，很多的垃圾被扔到了湿地里面去，后续的管理跟不上，可能就破坏了湿地，这是分两个层面看的。

湿地及其资源类型多样，开发利用与保护管理涉及多个部门。在湿地资源的开发利用方面，由于统一的管理协调力度不够，各做各的规划，各搞各的开发，对湿地资源的保护管理及开发利用，缺乏站在全社会的生态安全和资源永续利用的高度来进行统筹规划、合理利用。在湿地管理保护方面，目前未能形成信息共享、联合行动、分工协作的保护管理体系。

4. 资金投入不足 生态系统和人类是可以和谐共存的。就北京的湿地情况来说，覆盖率是 3.13%。我们国家自然湿地的覆盖率是 3.77%，北京低于全国的。但是再看看全球，整个地球是 6%，北京的湿地是很少很少的，在 16 000 多平方公里的土地上只有 3% 的湿地，大家可以想像，湿地的面积是不够的，如果再扩大湿地的建设，增加湿地的建设，提高生态质量是可以的。在农村，某些湿地由于建设资金不足和管理不善，遗留工程尚存，配套设施足，湿地旅游造成的垃圾污染依然存在。

资金投入不足是农村湿地保护管理面临的一个重要问题。由于对湿地保护的重要性不到位认识，目前国家和地方政府在湿地调查与动态监测、保护区及示范区建设、湿地生态补偿、污染治理、湿地科研与宣教、能力建设等方面尚缺乏专门的资金支持。北京虽有一定投入，但依然严重不足，制约了湿地保护管理事业的健康发展。

（三）京郊湿地发展对策

1. 加强依法行政、完善配套措施　首先要认真贯彻落实《北京市湿地管理条例》，同时要完善配套措施。第一个是湿地保护的联席会议制度，不但涉及园林绿化部门，还涉及水务等各个部门；第二项制度是专家委员会制度，主要是在湿地保护规划的制订，特别是标准条件认定过程中提供决策依据；第三项就是专项名录制度。条例里面明确北京的湿地实行分级分类管理，有市级、区县级和一般湿地，这些名录制度有利于分级分类管理。

北京市要把湿地保护立法作为一项大事来抓，积极与各部门沟通协调，做好依法保护工作。要采取一切有效措施，加大执法力度，加强对自然湿地的监管，扭转湿地减少和生态环境恶化的局面。要依法做好湿地的登记、确权、发证工作，建立湿地资源档案，为保护管理提供依据。要严格控制各类开发占用天然湿地的活动，凡是列入国际重要湿地和国家重要湿地名录以及位于自然保护区的湿地，禁止开垦占用或随意改变用途。

2. 坚持"生态优先，可持续发展"原则　北京湿地必须实现零净损失，就是不能再减少。所以，必须坚持"生态优先、可持续发展"原则，牢固树立积极保护理念，在加强原始生态环境和自然景观保护的前提下，适度开发和利用。为了尽可能好地保护湿地生态，要对湿地实行相对封闭的保护。同时，以科学创新的理念，将保护和利用统一起来，把湿地保护与城乡结构调整、产业结构调整结合起来，与环境综合整治、交通路网改善结合起来，通过河道清淤、植物培育、居民搬迁、限制旅游、保护巡逻、限制建筑高度和房地产开发等多种措施，对湿地的水体、地貌、植物资源、民俗风情等进行科学保护。

3. 坚持"适度、科学、合理利用"原则　坚持"适度、科学、合理利用"的原则就是在保护的基础上实现对湿地的利用，在切实搞好湿地保护的基础下，适当开发利用湿地资源，按照低水种养、高水蓄洪的原则，根据湿地系统的多样性特点，做到宜农则农、宜牧则牧、宜渔则渔、宜游则游，加快湿地生态旅游业、水产养殖业以及农、牧、渔、菜、果保鲜加工等业的发展，最大限度地获取湿地资源的最有效利用，实现生态、经济、社会效益的科学统一。

4. 要依法保护好禁止开发区　禁止开发区包括河湖湿地、地表水源一级保护区、地下水源核心区、山区泥石流高易发区、风景名胜区和自然保护区的核心区和缓冲区、大型市政通道控制带、中心城绿线控制范围、河流、道路以及城市楔型绿地控制范围等，原则上禁止任何建设和开发行为。

"在禁止开发区域中，除必要的交通、保护、修复、监测及科学实验设施外，禁止任何与资源保护无关的建设。"禁止开发区域是北京维护良好生态、保护古都风貌的重要区域，也是北京建设先进文化之都、和谐宜居之都的重要保障。

5. 实行最严格的水资源保护政策 水资源承载量是支撑城市发展和人口规模的重要决定性因素，北京应实行最严格的水资源管理制度。建立用水总量控制、用水效率控制、水功能区限制纳污制度，确立用水总量控制、用水效率控制、水功能区限制纳污三条红线，严格实行用水总量控制，坚决遏制用水浪费，严格控制入河污染物总量。建立水功能区水质达标评价体系和考核制度，严格控制高耗水产业发展，强化饮用水水源应急管理。

要从源头上控制污染，实行更严格的污染物排放标准和总量控制指标，严格控制污染增量，进一步减少污染物排放。严格执行规划环境影响评价和建设项目环境影响评价制度，抬高产业准入环境标准。

6. 继续增加投入，搞好湿地建设 通过建设湿地公园预期达到这样几个目的。一是把湿地很好的保护起来，二是把它的生态质量不太强，通过湿地公园的建设提议提升它的功能，从而达到提升湿地质量这样一个目的。三是通过建设能够给广大的市民提供一个休闲休憩生态需有这样一个场所，把游人、市民吸引到湿地公园当中，其他没有形成湿地公园的湿地，减少它的一些压力。

要积极争取政府和有关部门的财力支持，不断增加湿地保护的公共投入。按照"谁开发谁保护、谁受益、谁补偿"的原则，探索和建立湿地生态补偿制度。充分调动社会各方面积极性，在国家、区域统一规划指导下，鼓励社会团体、企业或个人建立湿地公园、保护区，开展湿地可持续利用项目。湿地保护区可在立足保护的前提下，因地制宜，发挥优势，对湿地资源开展适度有序、科学合理的利用活动，增强自我发展能力。

7. 强化宣传教育、培养全民意识 保护和合理利用湿地，必须转变不利于湿地保护和合理利用的传统的资源环境观，充分运用广播、电视、报刊、宣传平等各种传媒手段和有效形式，大力提倡和支持林业、环保等部门及其他社会团体开展与湿地保护相关的活动，特别是加强群众性的湿地保护科普宣传活动，提高公众参与意识。要认真组织好"世界湿地日"、"爱鸟周"、"保护野生动物宣传月"和"法制宣传日"等法定节日的宣传活动。同时，要对青少年进行生态道德教育，结合公众关注的鸟与人类生存健康、野生动物保护和自然保护区工程、湿地保护、野生动物法律法规等开展宣传活动，形成保护野生动物和自然保护区建设的良好社会氛围。

二、北京农村生态园林工程建设

"十一五"以来，北京市园林绿化系统以管理体制改革为重大契机，紧紧围绕"办绿色奥运、创生态城市、迎六十大庆、建绿色北京"的目标，坚持科学发展，实施精品战略，大力推进"生态园林、科技园林、人文园林"建设。按照"森林进城，公园下乡"的思路，坚持高位推动、工程带动、政策驱动、投入拉动，启动实施了一大批绿化美化和生态建设工程，打造了一批世纪精品，全市基本形成了山区、平原、城市绿化隔离地区三道绿色生态屏障，呈现出"城市青山环抱、市区森林环绕、郊区绿海田园"的优美景观，生态园林建设取得了巨大成就。

（一）生态园林建设的主要成就

"十二五"以来，北京初步形成"城市绿色景观、平原绿色网络和山区绿色屏障"三大生态体系，市域面貌呈现"城市青山环抱、市区绿地环绕、郊区绿海田园"的生态景观格局。累计完成绿化面积 5 000 多公顷，基本建成了以城市公园、郊野公园、公共绿地、道路水系绿化带以及单位和居住区绿地为主，点、线、面、带、环相结合的城市绿地系统，形成了乔灌结合、花草并举，三季有花、四季常青的城市绿景；在平原地区，以水系林网、道路林网和农田林网为绿化重点，实现绿化面积近 26 000 公顷，形成了以绿色生态走廊为骨架，景观片林和生态片林为点缀，纵横捭阖、色彩浓厚的平原绿网；在山区，荒山造林、封山育林、中幼林抚育多措并举，新增造林面积 50 000 公顷，完成废弃矿山生态恢复 0.24 万公顷，山区森林覆盖率达到 52%，形成了林木葱翠、绿绕京城的山区绿屏。截至 2011 年，全市森林覆盖率由"十五"末的 35% 提高到 37.6%，林木绿化率由 50.5% 达到 54.0%，城镇人均公园绿地由 12.0 米^2 增加到 15.3 米^2。

1. 景观环境全面优化，绿色空间大幅拓展　通过实施一大批城市绿化美化工程，全市新建公园绿地 100 余处 1 700 余公顷，城市绿地面积达到 6.17 万公顷；全市公园数量从"十五"末的 190 个增加到 339 个，城市公园总面积由 6 300 公顷增加至 10 063 公顷，城市绿地系统布局日趋完善。高水平完成 150 项奥运绿化美化工程和奥运会、国庆 60 周年的环境服务保障任务，栽摆各类花卉 9 000 万株（盆），营造了优美的城市景观。加快大型公园绿地建设，按照"一环、六区、百园"的要求，大力推进一道绿化隔离地区绿化建设，新建 42 个郊野公园，公园环格局初步形成；全面完成了第二道绿化隔离地区的 163 千米^2 的绿化任务。启动实施了 11 个新城滨河森林公园和南海子郊野公园建设，建成了以奥林匹克森林公园、通州滨河森林公园、北二环城市公园、昆玉河水景观走廊和世纪坛绿地等为代表的一大批精品公园绿地。改造老旧小区绿化 500 余处，完成屋顶绿化 50 万米^2，城市居住环境得到有效改善，全市 10 处热岛效应比较集中的地区有 9 处得到明显减弱，市中心区热岛效应面积比例由 2000 年的 52.26% 降低到目前的 22.38%（表 4-2）。

表 4-2 北京新城滨河森林公园

行政区域	公园名称	主线水系	公园面积（公顷）
顺义区	顺义新城滨河森林公园	潮白河	约 1 200
通州区	通州大运河森林公园	京杭大运河	633.3
亦庄开发区	亦庄新城滨河森林公园	凉水河、新凤河	462.1
密云县	密云新城滨河森林公园	潮河、潮白河	616.7
怀柔区	怀柔新城滨河森林公园	怀河、雁栖河	449.9
延庆县	延庆新城滨河森林公园	妫水河、三里河	1 020
门头沟区	门头沟新城滨河森林公园	龙口水库	586.7
平谷区	平谷新城滨河森林公园	洳河、泃河	736.3
房山区	房山新城滨河森林公园	小清河、哑叭河	385.9
大兴区	大兴新城滨河森林公园	念坛水库、小龙河	538.3
昌平区	昌平新城滨河森林公园	东沙河、北沙河、南沙河	776.2
昌平区	北京未来科技城滨水森林公园	温榆河	314

资料来源：田大方，王妍.2013.北京城市森林公园类型初探［J］.低碳建筑艺术（1）.

2. 生态建设实现突破，服务功能显著提升 山区生态建设步伐全面加快，大力实施京津风沙源治理、太行山绿化、关停废弃矿山植被恢复等一批重点生态工程，营造水源保护林、水土保持林和风景游憩林，全市新增造林面积 4.5 万公顷，山区森林覆盖率、林木绿化率分别达到了 50.97%、71.35%，形成了林木葱翠、绿绕京城的山区绿屏。平原地区通过实施国家"三北"防护林工程，全面推进平原治沙、水系林网、道路林网和农田林网为重点的平原绿化，实施了京平高速、京津高速、温榆河等 1 870 千米通道绿化，形成了以绿色生态走廊为骨架的高标准的平原绿网。全市活立木蓄积达到 1 810 万米^3，森林资产总价值 6 148 亿元，生态服务总价值达到 5 539 亿元，年固定二氧化碳 992 万吨，释放氧气 724 万吨，森林生态服务功能显著提升。

3. 绿色产业提质增效，兴绿富民成果丰硕 着眼于提质增效、兴绿富民，努力打造优质、安全、高效的绿色产业，实现年产值 116 亿元，比 2005 年增加了近两倍，经济效益显著。通过大力引进名特优新品种，强化特色果品基地建设，实现了果树产业优化升级，到 2010 年，全市果品年产量达到 9.08 亿千克，销售收入 36.6 亿元，30 万户果农均果品收入突破万元；花卉产业规模效益快速增长，生产面积达 7 万亩，年销售收入超过 14 亿元；全市蜜蜂饲养量达 26.2 万群，蜂农养蜂年收入 1.4 亿元，出口创汇超过 1 000 万美元；全市育苗面积 14.1 万亩，优质苗木产苗量 2.51 亿株，年销售收入 4 亿元；发展林菌、林药、林花、林禽等林下经济 23 万亩，年收入 2 亿元；以各类主题公园、风景名胜区为依托，以森林旅游、观光旅游、休闲健身、科普教育为主要内容的绿色休闲产业发展势头良好，年旅游收入达到 22 亿元。

4. 资源保护成效显著，防控能力明显提高　通过完善航空护林、区域联防、长效保障和生态管护"四个机制"，加强预警监测、应急通讯、消防队伍和机具装备"四项建设"，森林防火能力明显提升，防火瞭望塔达到 179 座，瞭望监测范围达到 65%，全市专业扑火队伍达到 104 支、2 800 人，实现了"确保不发生重大森林火灾、确保不发生人员伤亡"的目标。以美国白蛾为主的林木有害生物防控成效明显，全面实现了对主要林木有害生物发生情况的动态监测，无公害防治率和种苗产地检疫率达到 100%，成灾率仅为 0.03‰；依法严格征占用林地和林木采伐管理，通过优化重点工程方案审核，五年累计减少占用林地 350 公顷，减少移伐林木 32.6 万株，有效保护了林地资源。加大了对涉林行政案件的查处力度，共查处各类案件 2 434 件。强化历史名园、重点公园安全技防设施建设，建立了现代化安全管理系统，对历史名园的古建筑实施保护性修复，对重点古树名木安装了避雷设备，公园安全保障能力显著提高。

5. 义务植树深入开展，社会绿化全面推进　为推动新形势下首都全民义务植树运动深入开展，《北京市绿化条例》将"义务植树"作为重要内容进行了法律规范，并首次以法规形式确定了包括购买碳汇履行植树义务的 18 种尽责方式，为市民更好地履行植树义务创造了条件。深入开展"城乡手拉手、共建新农村"和"创绿色家园，建富裕新村"等活动，创建首都绿色村庄 350 个，完成了 3 499 个村的绿化美化，加快推进了城乡一体化进程。群众性绿化美化创建活动蓬勃开展，共创建花园式街道办事处 13 个，首都绿化美化花园式单位 1 397 个，花园式社区 67 个、园林小城镇 38 个。

"十二五"以来，北京市生态建设的重点将由侧重数量扩张向数量增长与品质提升并重转变。2012 年是近年来造林绿化力度最大的一年，北京将围绕继续健全完善"城市绿色景观、平原绿色网络、山区绿色屏障"的目标，在空间布局上，由关注两头向覆盖城乡转变，强化城市周边绿色空间建设，从根本上扭转关注两头、中间偏弱的局面，在继续开展山区造林营林和城市公园绿地建设的同时，加大平原地区绿化造林力度，以形成绿色覆盖城乡之势；在建设规模上，进一步突出"大尺度"森林建设概念，大幅增加城市周边连片成网的林带，全年绿化造林规模达到往年的 2 倍；在功能设计上，进一步突出树种选择和景观配置，切实增强改善环境的作用，有效提高城市品质，增加市民绿色休憩空间，提升本市宜居环境和居民幸福指数。计划实施人工造林 40 万亩、封山育林 76 万亩，在中心城、新城地区新增大尺度城市森林绿地 4 万亩以上。

（1）建设大尺度城市森林，让绿色覆盖城乡——平原地区造林工程。2012年，按照"两环、三带、九楔、多廊"空间布局的要求，在平原地区实施 25 万亩造林工程。工程以第二道绿化隔离地区为主体，以大兴、通州、顺义、昌平、房山 5 个区为重点，涉及东城、西城外其余 14 个区县。工程的实施，将进一步弥补中心城、新城周边绿量的不足，更好地优化城市空间格局，改善生态环境水平。工程实施后，永定河荒滩荒地得到治理，绿带格局基本形成；航空走廊和机场周边以绿为底的空中景观初步显现；本市平原地区森林覆盖率将提高 2.6 个百分点，全市森林覆盖率提高 1 个百分点。

（2）绿化宜林荒山，减少水土流失——山区生态体系建设。2012 年，在重点推进平原地区绿化造林工程的同时，我们将继续扩大山区生态建设成果，实施山区造林 17.6 万亩、封山育林 76 万亩。一是京津风沙源治理工程。2013年是一期规划的收官之年，也是二期规划的启动之年。总体任务量较大，预计可实施荒山造林 12.5 万亩、封山育林 70 万亩，一期规划任务可基本完成。二是太行山绿化工程。2013 年计划营造林 9.13 万亩，其中人工造林 3.13 万亩，封山育林 6 万亩。三是巩固退耕还林成果专项工程。计划实施退耕还林地补植补造 2.1 万亩。

（3）推动林水融合，让森林走进城市——城市生态体系建设。2012 年，在中心城新城地区增加城市森林绿地 4 万亩以上。一是新城滨河森林公园建设。全市 11 处滨河森林公园总面积约 10.7 万亩，目前，通州、大兴、延庆 3 处新城滨河森林公园已建成免费对外开放，密云、昌平公园核心段也已建成免费开放。2012 年年底，11 处新城滨河森林公园将全部建成。初步测算，11 座新城滨河森林公园建成后，新城绿化覆盖率将提高 5 个百分点，绿地中城市森林比重从目前的 35% 提高到 50%。二是郊野公园。加快推动南大荒休闲森林公园、南海子郊野公园等大尺度城市森林绿地建设，新增绿化造林面积近万亩。三是中心城绿化。试点启动中心城河湖水系沿岸滨水林带建设，继续利用代征绿地建设城市休闲森林公园，千方百计增加中心城绿化面积。

2013 年上半年，本市圆满完成春季平原造林任务，共计造林 33.3 万亩。加上 2012 年已经完成的 25 万亩，本市平原地区已累计增加大尺度森林绿地近60 万亩，生态效果初步显现。

（二）生态园林建设面临新机遇

"十二五"时期，是我国加快推进经济发展方式转变的重要时期，是首都以世界城市标准加快建设"人文北京、科技北京、绿色北京"的关键时期，也是首都园林绿化站在新起点、瞄准新目标、拓展新功能、实现新跨越的重要转型期和攻坚期。园林绿化作为社会重要的公益事业，城市唯一有生命的基础设施，促进人与自然和谐的桥梁和纽带，肩负着优化环境、推动发展、服务民生、促进和谐的重要使命，是"人文北京"的重要内涵，"科技北京"的重要组成，"绿色北京"的重要基础，在首都经济社会发展中具有不可替代的重要地位和作用。展望"十二五"，总体上机遇与挑战并存。

1. 面临的机遇

（1）坚持科学发展、建设生态文明，为园林绿化赋予了新使命。园林绿化是首都生态环境建设的主体，长期以来担负着恢复保护森林、绿化美化城市的重要任务。党的十七大做出了建设生态文明的重大决策，为园林绿化赋予了新的历史使命，在新的时期，作为首都生态文明建设重要载体的园林绿化作用更加突出，促进人与自然和谐的桥梁和纽带的功能更加凸显，构建森林、湿地、绿地三大生态系统、维持生物多样性的任务更加繁重，需要担负起更多推进生态建设、弘扬生态文化，为广大市民提供生态产品、物质产品和文化产品的任务。

（2）应对气候变化、建设低碳社会，为园林绿化充实了新内涵。全球气候变化日益成为国际政治、经济、外交和国家安全领域的热点问题。森林、湿地、绿地作为陆地上最大的储碳库，在应对气候变化中具有强大的固碳释氧、降温增湿、减排增汇和节能降耗等功能。国际社会对森林在应对气候变化中的作用达成高度共识，我国赋予了林业在应对气候变化中的特殊地位，市委、市政府提出了建设绿色低碳城市的目标要求。这些都为首都园林绿化积极应对气候变化，建设低碳社会，赋予了新的内涵。

（3）建设世界城市、提高生活品质，为园林绿化创造了新契机。园林绿化是城市重要的底色，是体现世界城市现代化水平和宜居程度的重要标志，也是拓展城市宜居空间、促进社会和谐稳定、提升市民幸福指数的重要载体和依托。园林绿化不仅生产物质产品，更为市民提供了大量高品质的生态产品和精神文化产品，与城市社会发展和居民身心健康紧密相关。随着北京经济社会快速发展，市民的生活水平不断提高，对享受优美环境、良好生态的要求越来越高，为园林绿化建设创造了新契机。

（4）发展绿色经济、促进富民增收，为园林绿化提出了新要求。园林绿化集多种功能于一体，是促进农村发展、农业增效、农民增收的重要产业。随着社会对园林绿化的需求日趋多样，以发挥生态功能和改善人居环境为重点的园林绿化，正在向森林游憩、绿色食品、生物质能源等制高点迈进，向森林固碳、物种保护、康体休闲等新领域延伸，向传承文化、展示形象、自然和谐等高层次推进，这些都使园林绿化的内涵外延日益丰富，为发展绿色产业、推动兴绿富民开辟了更广阔的空间。

2. 面临挑战

（1）改善城市宜居环境的难度不断加大。"十二五"是北京建设世界城市和宜居城市的关键时期，园林绿化承担着重要任务。虽然"十一五"期间城市的生态景观环境得到了显著改善，但是随着城市人口规模的迅速扩张，广大市民对生态环境的要求越来越高，使得城市生态承载能力、生态产品供给能力都面临着前所未有的压力，特别是与建设世界城市的要求相比，在城市绿地总量、质量和主要指标方面还有不小的差距。集中体现在城区绿地总量不足，分布不均，500 米服务半径不到位，老旧小区、风貌保护区、部分道路绿化水平亟待提升，立体绿化、屋顶绿化任务繁重。目前城市绿地的增量主要来自实现规划绿地拆迁建绿，而规划建绿的落实、代征绿地的收回、拆迁建绿的实施，成本高、难度大。今后一个时期如何进一步较大幅度改善城市宜居环境，是亟须破解的重大课题（表 4 - 3）。

表 4 - 3　不同层次国际城市园林绿化主要指标

城市 内容	全球性			区域性		国家性	
	纽约	伦敦	东京	巴黎	新加坡	上海	北京
人口（万）	1 800	756	1 400	1 007	500	1 888	1 755
人均公共绿地面积（米²）	19.6	25.4	9	24.7	25	12.5	15
城市绿化覆盖率（%）	70	58	64.5	47	70	38	45
森林覆盖率（%）	65	34.8	37.8	24	30	11.4	37

（2）提升生态系统功能的形势更加紧迫。森林、湿地是陆地生态系统的主体，具有固碳释氧、减排增汇、保持水土、涵养水源、防风固沙等多种功能，对改善首都生态环境发挥着不可替代的作用。但全市山区森林质量还不高，结构不尽合理，生物多样性不够丰富，碳汇能力不够强，纯林占 80%，中幼林占 81.7%，亟待抚育的有 600 万亩，低质低效林达 300 万亩，每公顷森林蓄积量仅为 27.88 米³，是全国平均水平的 40.1%，世界平均水平的 28.6%，平原林网还存在一定数量的残网断带，防护效益较低，湿地面积缩减，生态功能下降，保护与恢复力度不够。与世界城市和"人文北京、科技北京、绿色北京"的要求相比还有很大差距，提升生态服务功能的任务还十分繁重。

（3）维护首都生态安全的任务日益艰巨。保障首都生态安全，事关北京经济发展和社会和谐稳定的重大政治问题。随着多年来大规模植树造林和绿化美化建设的快速推进，森林资源总量持续增长，全市林地面积达到104.61万公顷，其中森林面积达到65.89万公顷，城市绿地面积达到6.17万公顷，这使林木绿地资源保护管理的任务极其艰巨，特别是森林火灾、林木有害生物成为影响森林资源安全的重要因素。近年来，由于持续气候异常，多年干旱少雨，使森林火灾、林木有害生物爆发成为全球范围内对森林安全构成的重大威胁。北京面临的形势同样不容乐观，外来有害生物入侵形势严峻，森林火险等级居高不下，同时大规模城市建设与林地绿地资源保护的矛盾日益突出，这为园林绿化建设和管理提出了新的要求。

（4）构建现代管理服务的水平亟须提高。世界城市的发展经验表明，园林绿化建设不仅追求规模和数量，更加注重生态质量、文化品位、科技含量；不仅需要自然科学方面的技术支撑，更加需要人文社会科学方面的文化支撑；不仅需要传统的园林绿化技术，更加需要与现代新材料、新技术、新管理、新理念相结合。从我市的情况看，与世界城市的更高标准和要求还不相适应，园林绿化基础管理工作还存在薄弱环节，政策法规还不够健全，体制机制还不够完善，人才队伍结构还不够合理，行业的管理和服务能力亟须进一步加强。尽快建立与世界城市相适应的现代园林绿化管理服务体系，是我们今后一个时期面临的重大任务。

（三）生态园林建设行动之计划

生态优先是园林绿化的本质属性。建设生态园林，充分体现了尊重自然、保护自然、师法自然、融入自然的发展理念。"十二五"时期，生态园林建设的目标是：健全完善"城市绿景、平原绿网、山区绿屏"生态体系，优化提升森林生态系统、湿地生态系统、绿地生态系统的整体功能。建设重点是：增加城市绿荫，优化宜居环境；建设公园绿地，扩大休闲空间；改造平原绿网，构筑绿海田园；提升山区绿屏，建设秀美山川；恢复湿地系统，强化绿肾功能；加强区域合作，构建环京绿带。

从全市自然地理条件和资源禀赋特点出发，全面构筑"城市绿景、平原绿网、山区绿屏"的生态体系格局，形成"一城"（即中心城区绿化）、"两带"（即燕山太行山生态屏障带和京东南生态景观带）、"三网"（即平原地区的河流水系林网、道路林网和农田林网）、"多点"（即市域范围内的新城、中心城镇为主的城镇绿化建设）为一体的多功能森林生态网络体系，积极发展各城市组团之间的绿化联系性，实施城乡一体的绿地网络化建设，构建绿环围绕、绿楔导风、绿网交织、绿链衔接的城市绿色空间布局，实现绿化资源空间布局上的均衡、合理配置。

规划建设的核心是"三区三绿三网三林多园"：发展分三区——城区、平原区、山区，区中生态一体；城市建三绿——绿带环绕、绿廊相连、绿岛镶嵌，绿中人居和谐；平原造三网——道路林网、水系林网、农田林网，网中果茂粮丰；山区育三林——水源涵养林、生态风景林、经济果木林，林中生物多样；城乡建多园——城镇公园、郊野公园、湿地公园、森林公园，园中功能完善（图4-2）。

中心城区绿化

燕山太行山生态屏障带

京东南生态景观带

水系林网

农田林网

道路林网

● 中心城镇绿化

○ 新城绿化

图4-2 "一城"、"两带"、"三网"、"多点"布局

1. 增加城市绿荫，优化宜居环境 坚持规划建绿、多元增绿的发展思路，大幅度提升城市绿化量，拓展城市绿色福祉空间，缓解城市热岛效应。

（1）推进"增绿添彩"。全面提升城市主干道、次干道道路绿地景观，打造百条特色行道树大街，增加大规格彩叶树、常绿树10万株，种植月季、菊花等新优特色品种100万株，增加城市色彩，丰富秋冬季景观。

（2）加快立体绿化建设。对建筑屋顶、建筑墙体、道路立交等实现立体化、全方位、多维度绿化，完成100万米^{2}立体绿化，拓展城市绿色空间，丰富城市空中景观。加强对已建成立体绿化成果的后期养护管理，保障绿化效果。

（3）提升居住区绿化水平。依法监督新建居住区绿化建设，保证新建居住区绿地率达到 30%、达标率 100%。每年绿化改造 100 个老旧小区，着力提升全市居住区绿化水平和质量。

（4）推进水系绿廊和楔形绿地建设。加快推进通惠河、凉水河、亮马河等城市河湖水系绿廊建设，升级改造滨水绿化景观，形成十大滨水绿线。逐步推进通惠河、凉水河等楔形绿地通风走廊建设，构建覆盖城乡的绿色连接网络。

2. 建设公园绿地，扩大休闲空间　大力推进"森林进城，公园下乡"，在中心城区、两道绿化隔离地区、新城、小城镇、山区等不同区域实施一批大型公园绿地建设工程，显著提升环城林带质量和城郊绿色景观水平。

（1）加快推进一道绿隔绿化建设。按照"一环、六区、百园"的布局，完成一道城市绿化隔离地区"公园环"建设，为市民提供更大的绿色休闲游憩空间；加快一道绿隔绿化建设，基本完成 156 千米^2 的绿化任务。

（2）加强城市休闲公园建设。依法推进代征绿地移交，重点抓好城市主要干道两侧、居住区周边代征绿地的移交腾退，建设百余处精品休闲绿地，实现公共绿地 500 米服务半径提高到 80%。

（3）推进重点小城镇绿地建设。在规划条件具备、产业集聚力强、人口集中度高的重点小城镇逐步推进园林绿化建设，构建与北京市小城镇发展战略、梯次结构和功能定位相适应的乡镇绿地体系，推进城乡一体化进程。

（4）推进二道绿隔功能升级。按照"生态加固、园区示范、绿道连通、产业带动"的原则，提升二道绿化隔离地区功能，打造京城第一条环城健康绿带，在南中轴等资源条件具备的区域建设郊野公园和森林公园，初步形成"五大生态板块"格局，倡导走进森林，走出健康。

（5）完成新城滨河森林公园建设。高标准、高质量建成 11 个新城滨河森林公园，构建"以林为体、以水为魂、林水相依，自然和谐"的开放式带状滨河绿地，提高新城宜居质量。

（6）开展山地（野）森林公园建设示范。按照森林文化型、山林野趣型、自然景观型、生态教育型等不同主题，在西山、八达岭等国有林场开展山地森林公园建设示范，为市民打造回归自然、享受野趣的休闲乐园。

3. 改造平原绿网，构筑绿海田园　实施绿色通道绿化、林网改造和村庄绿化美化建设等工程，构建"绿成荫、林成网、路成景"，点、线、面有机相连的平原生态网络，保障农业生产和城乡生态安全。

（1）加快绿色通道建设。对新建京台、京昆高速公路和京沪高铁等重点通道进行绿化，绿化面积 5.5 万亩，对"五河十路"等重点通道绿化进行改造提升，改造面积 6.5 万亩，提升平原绿化网络骨架水平。

（2）加强平原防护林更新改造。对林带结构和树种单一、林木生长差、残网断带状况严重、防护功能低下的 16.7 万亩防护林实施更新改造，形成带、网、片相结合的合理布局。

（3）加速新农村绿化美化。大力推进村庄绿化，做到适地适树、突出特色、村庄林木绿化率达到 30% 以上，营造和谐协调、各具特色的乡村自然和生态环境。

4. 提升山区绿屏，建设秀美山川　以国家"京津风沙源治理工程"、"太行山绿化工程"为骨架，以推动生态涵养区发展为重点，大力加强山区生态建设和森林健康经营，改造提升林分质量，着力增强森林生态系统的综合服务功能，满足社会和经济发展的生态需求。

（1）宜林荒山全部绿化。对全市现有的 2.7 万公顷（40 万亩）宜林荒山，结合区位和立地条件，广泛推广应用抗旱节水新技术、新材料，通过荒山造林、封山育林等多种形式，全面完成荒山绿化，增加森林资源，减轻风沙危害和水土流失。

（2）全面推进低效林改造。重点完成 10 万公顷（150 万亩）低效林改造任务，使改造区域内健康状态林分达到 90% 以上，林木生长明显加快，林木蓄积明显提高，碳汇能力明显增强。

（3）加快废弃矿山植被恢复。重点对主要干路、风景区等可视范围内已关停的 3 666.7 公顷（5.5 万亩）废弃矿山实施生态修复，使区域生态环境和景观效果明显改善，促进经济结构由"黑白经济"向"绿色经济"转型。

（4）加强中幼林抚育。实施森林健康经营，对 20 万公顷（300 万亩）中幼林进行抚育，进一步调整和优化森林结构，促进林木生长，提升森林经营水平，提高森林质量，增强固碳能力。

（5）加强生物多样性保护。加强松山、百花山等六个自然保护区基础设施和科研设施建设，重点推进 20 个、总面积约 5 500 公顷的森林和野生植物类型自然保护小区建设，保护珍稀濒危植物物种和具有重要保护价值的动植物群落。加强野生动物驯养繁育中心和野生动植物监测中心建设，有效保护全市重要自然资源。

（6）加强林木种质资源保护。调查搜集优质种质资源，建立种质资源基因库，对黄檗、百花花楸、无梗五加等 22 个树种实施原地保存，保存面积 156 公顷；对栎类、榆类、楸树类等 16 个林基因资源采取异地保存，保存面积 75 公顷。

5. 恢复湿地系统，强化绿肾功能　加快湿地生态系统的恢复、保护和建设，实施湿地公园、湿地自然保护区建设和重要河湖水系湿地恢复等工程，着力增强湿地生态系统功能。一是推进湿地公园建设。完善翠湖、汉石桥湿地公园建设，在永定河、北运河、潮白河流域新建 10 处市级湿地公园，展示北京湿地景观，挖掘湿地文化内涵，使全市重点湿地区域得到合理保护利用，为社会公众提供亲近、感受和体验自然的场所。二是加快湿地自然保护区和保护小区建设。大力推进野鸭湖、汉石桥湿地自然保护区基础建设，提升服务功能；在湿地受威胁或潜在危险严重的区域，建设 10 处湿地自然保护小区，完善湿地保护管理体系。三是打造永定河绿色生态发展带和雁栖湖生态示范区。加快推进永定河"五园一带"建设，把永定河建设成为西部绿色生态走廊，服务沿河经济社会发展；推进雁栖湖生态示范区建设，使之成为生态建设综合示范区。

6. 加强区域合作，构建环京绿带　一是加强京冀合作。按照《北京市—河北省合作框架协议》，支持河北省环京市、县营造 86 万亩生态水源保护林，共同建设京冀绿色生态带。加强联防机制建设，提升首都周边森林防火、有害生物综合防控水平，保护绿化成果和首都生态资源安全。二是推进京蒙合作。围绕防沙治沙和首都生态环境保护，鼓励社会各界积极参与内蒙古地区植树造林、荒漠治理、水土保持等环境建设工程，努力从源头上治理风沙危害，阻滞沙尘入京（表 4-4）。

表 4-4　"'十二五'期间生态园林行动计划"主要工程

工程名称	建设内容	建设任务
1. 城市绿荫覆盖工程	1. 道路"增绿添彩"	打造百条特色行道树大街，增加大规格彩叶树种和常绿树 10 万株，种植月季、菊花等新优特品种 100 万株
	2. 立体绿化建设	对建筑屋顶、建筑墙体、道路立交等实行立体化绿化 100 万米^2
	3. 推进居住区绿化	保证新建居住区绿地率达到 30%、达标率 100%，每年绿化改造 100 个老旧小区
	4. 水系绿廊、楔形绿地	建设 10 条滨水绿线，推进通惠河、凉水河等楔形绿地通风走廊建设
2. 公园绿地建设工程	1. 一道绿隔绿化建设	完成公园环建设任务，使公园总数达到 102 个；基本完成 156 千米^2 绿化任务
	2. 城市休闲公园建设	结合代征绿地移交，建设精品休闲绿地 100 余处，公共绿地 500 米服务半径提高到 80%
	3. 重点小城镇绿化	在规划条件具备、产业集聚力强、人口集中度高的重点小城镇逐步推进园林绿化建设
	4. 二道绿隔功能升级	启动建设环城健康绿道，在条件具备的区域建设郊野公园和森林公园
	5. 新城滨河森林公园	建成并开放 11 个
	6. 山地（野）森林公园	西山森林文化型，八达岭山林野趣型，十三陵自然景观型，松山生态教育型示范公园

（续）

工程名称	建设内容	建设任务
3. 平原绿网改造工程	1. 绿色通道绿化建设	对新建重点通道绿化 3 666.7 公顷（5.5 万亩），改造提高通道绿化 4 333.3 公顷（6.5 万亩）
	2. 平原防护林更新改造	重点更新改造 1.113 3 万公顷（16.7 万亩）
	3. 新农村绿化美化	村庄林木绿化率达到 30% 以上
4. 山区绿屏提升工程	1. 宜林荒山绿化	2.7 万公顷（40 万亩）
	2. 低效林改造	10 万公顷（150 万亩）
	3. 废弃矿山植被恢复	3 666.7 公顷（5.5 万亩）
	4. 中幼林抚育	20 万公顷（300 万亩）
	5. 生物多样性保护	松山等 6 个自然保护区基础设施和科研设施建设；重点建设 20 个、总面积约 5 500 公顷的自然保护小区；加强野生动物驯养繁育中心和野生动植物监测中心建设
	6. 林木种质资源保护	建立种质资源基因库，对黄檗等 22 个树种原地保存，156 公顷；对栎类等 16 个林木基因资源异地保存，75 公顷
5. 湿地系统恢复工程	1. 湿地公园	重点建设 10 处市级湿地公园
	2. 湿地自然保护区和保护小区建设	推进野鸭湖、汉石桥湿地自然保护区基础建设，建设 10 处湿地自然保护小区
	3. 永定河绿色生态发展带、雁栖湖生态示范区	永定河五园一带建设，雁栖生态建设示范区
6. 区域生态合作工程	1. 京冀合作	支持河北省环京县市营造生态水源保护林 86 万亩；完善森林防火、林木有害生物联防机制
	2. 京蒙合作	鼓励社会各界积极参与内蒙古防沙治沙、植树造林等生态环境治理工程，减少风沙危害，阻滞沙尘入京

三、北京农村生态修复和低碳工程

"十一五"期间，包括门头沟、房山区在内的北京郊区的山区半山区在北京城市总体规划和功能分区中被定位为生态涵养发展区。未来发展是以建设北京生态屏障和保护水源为主要方向，也是只限于发展生态友好型产业的区域。生态涵养发展区的建设首先要保障生态环境的改善，首要任务是改善植被的覆盖条件。对生态环境具有破坏性的产业，如煤矿、采石场、污染环境的制造业等，需要关闭或迁移。生态涵养发展区产业结构调整升级和经济增长方式的转变是必然的。与城市功能拓展区、城市发展新区不同的是，由于生态涵养发展区功能定位和自然条件的限制，这一区域的产业结构调整升级是以建设、保护首都生态环境屏障为前提的，产业结构调整上需要用环境友好型产业替代危害环境的产业。所以，其生态保护和修复十分重要。

（一）北京山区生态保护和修复工程

北京位于华北平原的西北端，辖区内 62％是山区。北京的山区是阻断北京西北干旱半干旱生态脆弱区沙漠化向首都地区侵袭的最后天然屏障，也是北京的最重要水源涵养地。在北京市的发展规划中把山区确定为生态涵养发展区，突出了山区生态建设在北京城市发展中的战略地位。

北京的生态安全一直面临着两个方面的威胁。一是作为一个特大城市在自身发展过程中产生的环境问题，如各种污染等；二是特殊地理位置决定的生态安全灾害。其中第二个方面的问题是北京作为国际大都市所特有的问题，决定了北京比国际上其他大城市生态环境更为脆弱。北京向西北方向 250 千米的距离上地理环境和自然条件变化非常大，由暖温带半湿润落叶阔叶林—暖温带半干旱落叶阔叶林灌草丛—温带半干旱草原区—温带干旱灌木草原荒漠．向西北离生态脆弱的农牧交错带不足 150 千米。由于自然条件和社会经济发展的差异，北京及周边地区形成了两个对照鲜明的环带，一个是自然条件较好、经济发达的现代化特大城市，一个是特大城市边缘的贫穷落后、自然条件差的地区。北京西北的生态屏障正好处于贫困带上。北京山区的植被（包括森林、灌丛、草地、农田和果园等）的覆盖度和分布格局，决定了北京山区的生态屏障功能。历史上北京山区曾是森林茂密的地区，但到新中国成立初期，北京山区的森林已经所剩无几，全市森林覆盖率仅为 1.3％。新中国成立后北京山区的森林覆盖率有了大幅度提高，2005 年年底山区森林覆盖率达到 46.6％。但是，社会经济的发展对北京山区的需求是多样的，北京山区的发展不可能完全以提高森林覆盖度为唯一目标。北京山区对首都社会经济的发展具有多功能性，近年来除了传统的林果产业外，包括旅游业在内的一些新生产业也有了大规模的发展。因此，北京山区的生态屏障建设不仅仅是一个植被保护和恢复工程，而是一个集生产、生态于一体的系统的社会经济发展工程，是一个生产—生态体系结构优化的问题。

1. 废弃矿山修复工程 门头沟 98.5％的面积是山区，是北京市生态涵养发展区的重要组成部分。门头沟区面积 1 455 千米²，其中煤炭储藏面积近 700 千米²，占全区面积的一半。门头沟一直是重要的矿区，煤炭开采一直是该区经济发展的支柱产业，煤炭开采给生态环境造成了严重破坏。门头沟区非煤采石采沙矿场分布面积也很大，生态环境因非煤矿山开采受到严重破坏的面积达

118 千米[2]。门头沟历史上一直是北京重要的能源基地，煤矿开采历史可以追溯到 1 000 年前的宋辽时期。门头沟地区原来共有国有煤矿 6 家，其中门头沟煤矿原来是门头沟地区最重要的煤矿。1956—1999 年的 40 多年间，门头沟煤矿共生产煤炭 3 900 多万吨，最高年产量达 125 万吨，曾经是原北京矿务局产量最高，上缴利润最大的矿井。到 20 世纪 80 年代后期，门头沟煤矿进入了衰老期，煤炭资源逐年减少，产量急剧下降，20 世纪 90 年代后期年产量降至不足 30 万吨。而且 20 世纪 90 年代以后煤炭生产成本也大幅度升高，从 1987 年开始出现经营性亏损，到 20 世纪 90 年代末亏损高达 5 000 万元。2000 年 7 月，门头沟煤矿停产关闭。另外，门头沟地区还有很多个地方所属煤炭企业，关于乡镇煤矿的数目不同统计结果不一致，有些资料显示为 279 个，国土部门上报数目为 261 个，还有些资料认为是 252 个。这些乡镇煤矿数目正在逐步减少，2000 年换发采矿证的有 131 家，2002 年仅有 69 家，现在已经基本全部关闭。可见，煤炭产业曾经是门头沟地区的支柱产业，对门头沟地区的经济社会发展起到过非常重要的作用。长期门头沟还是北京石料和砂石的主要采掘地[*]（表 4 - 5）。

表 4 - 5　门头沟区采矿场数量和面积

乡镇	矿场数量	废弃矿场数量	矿场面积（公顷）	废弃矿场面积（公顷）
妙峰山	46	24	189.4	47.20
军庄	14	9	88.53	7.20
潭柘寺	26	16	71.53	25.13
龙泉	6	2	39.33	23.33
永定	4	2	29.47	23.00
王平	4	4	6.20	6.20
雁翅	1	1	3.00	3.00
合计	101	58	427.47	135.07

　　门头沟地区现在共有 101 个采石场，包括石灰岩及建筑石矿 96 个，页岩矿 2 个、页腊石矿 3 个，共占地 427 公顷。如果考虑开采矿石修建的专用运输道路等，则开采石料占用土地面积可达 467 公顷以上。门头沟主要开采生产水泥用的石灰石，建材用石灰砂岩、建材铺路用石、电厂脱硫用石灰石等，开采规模很大。门头沟的采石矿场主要分布在东部的妙峰山、潭柘寺镇、军庄镇，东部因采石被破坏的面积很大（表 4 - 6）。另外，门头沟还有 135 公顷已经废

　　* 张义丰，张宏业. 北京门头沟区矿山生态修复和产业结构转变途径和问题［J］. 2008 北京国际生态修复研讨会文集。

弃的采石场，已经破坏的生态环境需要进行治理。

表4-6 门头沟区采沙场数量和面积

乡镇	采矿废弃地数目（处）	采矿废弃地面积（公顷）
永定镇	8	263.062 8
龙泉镇	7	28.500 0
军庄镇	1	0.400 0
妙峰山镇	2	0.500 0
王平镇	13	23.600 0
雁翅镇	5	6.500 0
斋堂镇	13	188.900 0
清水镇	6	550.700 0
总计	55	1 062.200 0

由于长期的大面积开采煤炭和沙石，已经给门头沟的生态环境造成严重的破坏。主要表现为：①由于地下水体系的破坏，造成地下水资源的逐渐减少。②植被覆盖遭到破坏，生物多样性减少。③空气、土壤和水资源遭到污染。④地质灾害发生频率增加。门头沟裸露矿区的沙尘可以直接影响北京城区。而门头沟作为水资源涵养区的功能也逐渐丧失。不仅影响了门头沟当地居民的生活，也对北京城区的生态安全构成威胁。而从北京的总体生态环境形势来看，已经出现了日趋恶化的趋势，水资源危机、气候干旱、沙尘暴等生态灾害的频繁发生，已经严重影响到首都的形象和全面发展。

2005年年初，根据北京城市总体规划，门头沟区开始加快由"资源枯竭型矿区"向"生态涵养发展区"的转型。几年来，门头沟区对不符合功能定位和影响环境的资源性开采行业进行清理整顿，将254家乡镇煤矿全部关闭，告别了上千年小煤窑的开采史。上百家非煤矿山、砂石企业、石灰土窑、水泥厂、煤矸石砖厂也相继关闭，资源开采型行业彻底退出，从源头上杜绝了生态破坏。门头沟在全面开展生态修复治理过程中，实施国家水土保持工程、京津风沙源工程等四大生态治理工程，累计治理水土流失面积615千米^2，建成9条生态清洁小流域，使水源涵养和植被净化功能明显增加。经过努力，门头沟区"十一五"期间投入12亿元，进行大规模的生态修复工程，生态环境明显好转。据统计，门头沟空气质量二级及二级以上的"蓝天"数，已从2004年的49%提高到2009年的70.8%。永定河也于2007年达到三级饮用水标准。

同样，房山区山区也面临同样问题。房山区历史上就是产煤大区，煤炭年产量由20世纪80年代的100多万吨增加到2004年的1 256万吨，收入17亿元，上缴乡镇集体 2.10 亿元，总资产 15.10 亿元，净资产 8.18 亿元，从业人员 3.15 万人。2005 年，根据北京市政府的部署逐步关闭影响生态环境的煤矿和非煤矿山，到 2010 年实现乡镇煤矿全部退出。随着经济的转型，必须积极发展以都市型现代农业、都市型现代工业和生态旅游业为主导的环境友好型产业。房山区在全面退出资源型产业的同时，面临的经济压力、产业替代、就业转移和社会保障压力很大。尤其是生态修复和生态环境建设的压力更大。2005 年以来，房山区关闭煤矿 139 家、非煤矿山 938 家，涉及 8 个乡镇、111 个村、3.7 万户、9.8 万人，区域面积 842 千米²，关闭后导致农村人均收入下降的人数达 55 729 人，并导致乡镇收入经济指标大幅度下滑，相关的运输、餐饮和服务业同时受到影响，资源型产业链被打破。根据《北京市山区关停废弃矿山植被恢复规划（2007—2010 年)》，为尽快恢复煤炭开采造成的生态破坏，改善山区的整体环境，市、区两级共投入资金 51 438 万元，实施了生态修复与环境整治工程，经过几年的恢复治理，山区生态环境得到明显改善。共完成废弃矿山生态修复及周边造林工程 12 430 亩。关停废弃矿山生态修复工程 7 230 亩，治理废弃矿山 8 100 亩，全部为中心区造林。

关停废弃矿山植被恢复工程一直是北京市生态建设重点工程之一。2005 年 3 月 7 日，原市长王岐山同志专门主持召开了第 75 次市长办公会议，讨论北京市关停废弃矿山的生态修复工作。2006 年，市有关部门出台了《关于推进山区小流域综合治理和关停废弃矿山生态修复的意见》，并在房山、门头沟等地区开展了不同类型的矿山生态修复试点工程。2007 年 3 月，市发展和改革委、市园林绿化局、市国土资源局、市财政局联合编制了《北京市山区关停废弃矿山植被恢复规划（2007—2010 年)》。2008 年，根据市国土局提供的北京市关停矿山最新数据，市园林绿化局又会同市国土局修改编制了《北京市矿区植被保护与生态恢复工程规划（2008—2015 年)》，到 2015 年计划完成中心修复区植被恢复 11.8 万亩，涉及房山、门头沟、丰台、海淀、昌平、延庆、怀柔、顺义、密云和平谷 10 个区县，煤、铁、铜、采石场、石灰厂等矿点 2 000 多处（图 4-3、图 4-4）。

2. 小流域治理工程 小流域综合治理是根据小流域自然和社会经济状况以及区域国民经济发展的要求，以小流域水土流失治理为中心，以提高生态经济效益和社会经济持续发展为目标，以基本农田优化结构和高效利用及植被建设为重点，建立具有水土保持兼高效生态经济功能的半山区小流域综合治理模式。

北京市 6 000 多千米² 的水资源保护区大部分位于山区，改善生态环境，减少点、面源污染，对保障首都水环境安全和供水安全具有重要意义。北京市山区面积 10 072 千米²，占全市面积的 62%，共划分为 547 条小流域。小流域

图 4-3　昌平区兴寿镇生态修复

图 4-4　门头沟妙峰山生态修复

是山区水源涵养和集水的基本单元。只有把小流域治理好，流域的水质、水量和生态才有基本保障。截至 2011 年，全市 547 条小流域、6 640 千米² 水土流失面积中，建成生态清洁小流域 185 条，占全市小流域的 33.8%，治理面积 2 422 千米²，占水土流失面积的 36.5%[*]。

2012 年的"7·21"特大自然灾害暴露北京部分中小河道淤积严重、行洪能力不足，随后，北京市加强对中小河道治理。通过整治，将实现 34 条、278 千米中小河道防洪达标。此次市水务局等部门选择了 34 条、278 千米中小河道优先进行治理，主要治理内容为河道清淤、扩宽河道、加固堤防、拆除违建等。力争 200 天实现 34 条、278 千米中小河道防洪达标，堵点清除、河道畅通。

从分布上看，房山、丰台、朝阳数量较多，各为 5 条，通州 3 条，其他区县各有一两条不等。"7·21"特大自然灾害重灾区房山，将治理小清河、吴店河、刺猬河、夹括河驷马沟至房易路段、大石河良陈铁路桥至大件路桥段 5 条河道，累计治理长度 75.85 千米，市需治理 1 460 千米。

《关于加快推进中小河道水利工程建设提高防洪能力的实施意见（2012—2015 年）》，北京将用 4 年时间，建成完善的流域防洪减灾体系，实现全市中小河道防洪排水全部达标治理。城六区及重点区域河道的防洪标准达到 20～50 年一遇，新城及重点镇河道达到 10～20 年一遇，其他地区河道达到 10 年一遇。

北京境内现有 425 条中小河道，总长度 6 400 千米，其中能够影响城市运行和公众生命财产安全的有 3 000 千米。在这 3 000 千米中，存在河道淤滞、需要进行治理的有 1 460 千米。此次治理的 278 千米河道，是"7·21"特大自然灾害中凸显出问题严重的。

小清河 30 多年来首次治理。前小清河正在建设导流工程，将河水导向他处，空出河道来挖掘。清河及其支流，在"7·21"特大暴雨时出现漫溢情况，导致周边长辛店等多处地区居民家中进水。清河从 1975 年之后就没有进行过河道的疏浚治理。河床逐年升高直接导致了小清河行洪能力降低。另外，小清河河堤破损，甚至残缺不全，部分河段没有堤防。这也让洪水在"7·21"灾害来临时不受遮拦地冲出来，冲毁农田和村庄。

此次治理，小清河将清淤、挖河、筑堤，同时扩宽部分河道。治理后，上游 100 米宽，下游 300 米宽，最宽处将达 700 米，防洪标准由不足 10 年提高到 50 年一遇。

3. 河湖清理整治工程 作为一座缺水的城市，本市水资源本来就十分紧

---

* 资料来源：北京农村年鉴，2012。

张，但污染情况却令人担忧，据统计数据显示，本市常年有水的河道为 2 259 千米，其中劣 V 类水质有 936 千米，占总数的 41％；监测下的湖泊总面积 719 公顷，不达标的 245 公顷，占 35％。由于部分地区规划污水处理厂尚未建成，全市目前尚有 2 307 个排污口向河道直排污水，其中包括一部分单位和企业产生的污水不经任何处理就非法直排。另一方面，由于部分地区城市建设超规划预期，污水量持续增加，污水处理设施能力严重不足，导致污水直排入河或溢流入河的情况时有发生。2013 年 7 月，市区日供水量达 293.3 万米^3，创下历史新高，水环境的污染和用水量的提升都增加了缺水的程度。此外，城乡结合部河道垃圾渣土"屡清屡倒"；水面漂浮物"常清常有"，特别是在雨污合流地区，遇到大雨，大量垃圾随雨水、污水排入河道；"乱建、乱采、乱钓、乱游"等行为更是屡禁不止。

所以，2013 年，全市范围内启动河湖水环境百日整治行动，进而发布未来 3 年《关于加强河湖生态环境建设与管理工作的意见》，利用 3 年时间，河湖将实现基本还清，达到"五无"目标，即：无非法排污、无集中漂浮物、无垃圾渣土、无明显臭味、无违章建筑物。到 2015 年，市民将不会再见到河湖垃圾成堆、污水横流，也将不会再闻到河水熏天臭味。

2013 年河湖"百日整治"7 月启动，将持续至 11 月 10 日，针对问题突出的清河、永定河引水渠等 20 条段、200 千米河道进行集中整治，"治脏、治乱、治臭"是本次百日整治工作的重点任务。2013 年整治的河道有土城沟、小月河、昆玉河、永定河引水渠、清河、凉水河、清洋河、南沙河、水衙沟、人民渠、运潮减河、天堂河、潮白河顺义段、琉璃河、妫水河、汤河、东沙河、门城湖、刺猬河、泇河、密云水库、官厅水库、十三陵水库、怀柔水库、永定河卢沟桥拦河闸区、潮白河向阳闸库区、北运河通州新城段。

治脏主要是清理河湖周边历年积累的垃圾渣土，打捞水面漂浮物；治乱主要是治理违法建设和乱采砂石、乱排污水、乱钓鱼、乱游泳等违法行为；"治臭"主要是治理向河湖违法排放污水，开展截污治污，加强污水处理厂和处理设施运行监管。一批河湖周边违法排污的小作坊、小饭馆、小理发店、小洗车店将被依法关闭，同时会划定并公布禁止游泳等水上活动区域，坚决遏制野泳行为。治理后的河湖水道将按照"无垃圾渣土、无集中漂浮物、无非法排污、无明显臭味、无违法建设"的整治标准进行验收，每 5 000 米^2 水面内漂浮物控制在 1 米^2 以下，河道水体透明度达到 0.5 米以上。

针对污水治理，2013 年整治将通过采取截污治污的手段，每天减少 28 万吨污水直接入河。完成凉水河、清河等河道 17 项临时应急污水口治理工程和 31 处入河排污口截流；深度挖潜清河污水处理厂处理能力，日增加 8 万吨处理能力；并联合市水务、环保、城管等执法部门封堵污水管网覆盖地区清河等河道 91 个排污户的非法排污口。同时还会加强现有 88 座污水处理厂、800 处农村污水处理设施运行管理,最大限度发挥其处理能力,减少污水入河。根据情况,下决心封堵一部分排污口,如果是一个小理发馆或洗车店的排污口,那就不让其营业了;但如果是一个几千户老百姓的居民小区的排污口,就应更加慎重,以确保居民生活和城市稳定。

北京将利用 3 年时间,加强河湖生态环境管护并建立健全长效管理体制,到 2015 年,完成 47 座再生水厂、1 290 千米污水管线、484 千米再生水管线建设,全市污水处理率达 90%,四环以内实现污水 100% 收集处理。京密引水渠、永定河引水渠、南护城河、北护城河、凉水河、清河等河道在内的"两渠、十河"绿道建设也将在 3 年内完成。

(二)清洁空气行动启动八大工程*

坚持污染减排是改善空气质量的根本措施。结合能源消费量大、生活性消耗占比高等特点,立足能源结构优化、产业绿色转型和城市管理精细化要求,重点实施压减燃煤、控车减油、治污减排、清洁降尘等八大污染减排工程。

1. 源头控制减排工程

(1)优化城市功能和空间布局。认真落实北京城市总体规划和主体功能区划,分类推进区域和产业发展,合理控制开发强度,完善功能布局,推动形成有利于大气污染物扩散的城市空间布局。

(2)合理控制人口规模。坚持人口资源环境相均衡、经济社会生态效益相统一,合理调控人口规模,优化人口空间布局。

(3)严格控制机动车保有量。严格落实国家对北京市提出的限制机动车保有量的要求,综合考虑资源、环境等因素,以环境承载力为约束条件,严格控制机动车规模,减轻机动车保有量过快增长带来的污染排放压力。采取经济手段和必要的行政手段,确保 2017 年年底将全市机动车保有量控制在 600 万辆以内。

(4)强化资源环保准入约束。原则上禁止建设钢铁、水泥、电解铝、平板玻璃、炼焦、有色金属冶炼、电石、铁合金、沥青防水卷材等高耗能、高污染项目,不再建设劳动密集型一般制造业项目。提高节能环保准入门槛,健全重点行业准入条件,探索建立符合准入条件的企业动态管理机制。

全市新建项目原则采用电力、天然气等清洁能源,不再新建、扩建使用煤、重油和渣油等高污染燃料的项目。2013 年底前,划定城六区范围内的高污染燃料禁燃区。自 2014 年起,按照由城市建成区向郊区扩展的原则,逐步

---

* http://finance.qq.com/a/20130912/016110_all.htm#page5,全文有删节。

在远郊区县城关镇地区划定高污染燃料禁燃区。禁燃区内逐步禁止原煤散烧，现有燃煤设施按期限完成清洁能源改造，加快推进无煤化进程。

严格重点行业表面涂装生产工艺的环境准入，提高低挥发性有机物含量涂料使用比例，新建机动车制造涂装项目达到 80％以上，其中小型乘用车单位涂装面积的挥发性有机物排放量控制在 35 克/米² 以下；家具制造及其他工业涂装项目达到 50％以上；包装印刷业必须使用符合环保要求的油墨。推广使用水性涂料，鼓励生产、销售和使用低毒、低挥发性溶剂。

2. 能源结构调整减排工程　坚持能源清洁化战略，因地制宜开发本市新能源和可再生能源，积极引进外埠清洁优质能源，努力构建以电力和天然气为主、地热能和太阳能等为辅的清洁能源体系。到 2017 年，全市燃煤总量比 2012 年削减 1 300 万吨，控制在 1 000 万吨以内；煤炭占能源消费比重下降到 10％以下，优质能源消费比重提高到 90％以上。

（1）加强清洁能源供应保障。市发展改革委牵头，加快外受电力通道、变电设施、高压环网建设，增强外调电供应保障能力。到 2017 年，外调电比例达到 70％左右，电力占全市终端能源消费量的比重达到 40％左右；加快输变电和并网工程建设，实现 9 个电网分区均有本地电源支撑，全网供电能力得到提升，农村电网得到全新再造，供电能力和电能质量显著提升。

（2）实现电力生产燃气化。2013 年，在东南、西南燃气热电中心投产运行的基础上，西北燃气热电中心建成投产运行 2 台机组，东北燃气热电中心主体结构封顶，关停科利源热电厂燃煤机组。2014 年，西北、东北燃气热电中心建成投产运行，关停高井热电厂燃煤机组。2015 年，华能北京热电厂新增燃气发电机组建成投产运行，关停国华、京能热电厂燃煤机组。2016 年，关停华能北京热电厂燃煤机组。

（3）推进企业生产用能清洁化。通过污染企业关停退出和清洁能源改造等方式，减少煤炭使用量，基本实现企业生产用能清洁化。2015 年，完成 19 个市级以上工业开发区燃煤设施清洁能源改造。2016 年，基本完成全市规模以上工业企业燃煤设施清洁能源改造；城六区及远郊新城建成区的商业、各类经营服务行业燃煤全部改用电力、天然气等清洁能源。

（4）逐步推进城六区无煤化。在核心区近 20 万户居民实现采暖清洁化的基础上，2013 年，东城和西城区再完成 4.4 万户平房居民采暖"煤改电"工程；剩余 2.1 万户平房居民的采暖燃煤，通过人口疏解、清洁能源替代等综合措施逐步消除。到 2015 年，城市核心区实现无煤化；朝阳、海淀、丰台、石景山区政府完成剩余 4 900 蒸吨燃煤锅炉清洁能源改造工程。

（5）推进城乡结合部和农村地区"减煤换煤"。2013 年，制定出台"减煤换煤、清洁空气"行动实施方案，按照城市化改造上楼一批、拆除违建减少一批、炊事气化解决一批、城市管网辐射一批、优质煤替代一批的思路和要求，分年度制定并实施行动方案，到 2016 年，基本实现农村地区炊事气化、无散用劣质煤，并大幅削减民用散煤使用量。

多措并举推进清洁能源采暖。在城乡结合部和农村地区综合推广电力、热泵、太阳能等清洁能源采暖方式，削减散煤使用量。制定出台农村享受峰谷电价优惠政策实施方案，推进农村电网扩容建设，提高电采暖供电能力。到 2017 年，力争完成 20 万农户电采暖改造任务；完成 50 个新型农村社区建设，推行集中供暖和新能源供暖；全市累计新增太阳能集热器面积 400 万米^2；累计新增热泵供暖面积 3 500 万米^2，其中，利用燃气热电厂余热热泵改造新增供暖面积 2 000 万米^2，发展再生水热泵新增供暖面积 500 万米^2，实施地热供暖新增供暖面积 500 万米^2，在远郊新城、重点镇的公共建筑发展浅层地温利用新增供暖面积 500 万米^2。

（6）推动远郊区县燃煤减量化。各远郊区县政府实施燃煤总量控制。至 2017 年年底，房山、通州、顺义、昌平、大兴等区的燃煤总量比 2012 年减少 35％；门头沟、平谷、怀柔、密云、延庆等区县的燃煤总量比 2012 年减少 20％。

减少远郊区县锅炉用煤。积极开展燃煤锅炉清洁能源改造或协调引入外埠热源，逐步整合、消除区域内的分散燃煤锅炉。到 2017 年年底，基本淘汰远郊区县城镇地区的 10 蒸吨及以下燃煤锅炉。鼓励推动已建成的燃煤集中供热中心实施清洁能源改造。

（7）建立健全绿色能源配送体系。2013 年年底前，市发展改革委、市政市容委组织建立优质煤和瓶装液化气供应渠道，各区县建成绿色能源配送中心，确保优质煤和瓶装液化气供应。严厉打击非法生产、销售劣质煤的行为，集中清理、整顿和取缔不达标散煤供应渠道；采取路检路查等手段杜绝不符合规定标准的散煤和固硫型煤进京销售。

（8）提高能源使用效率。推行节能降耗技术，从源头上降低能源需求，推动减少大气污染物排放。市发展改革委牵头完成国家下达的节能降耗目标，到 2017 年，单位工业增加值能耗比 2012 年降低 20％左右。到 2015 年，累计完成 1.5 亿米^2 符合 50％节能标准的既有居住建筑供热计量改造；全面完成"十二五"以来 6 000 万米^2 既有居住建筑节能改造任务。市质监局加强对供热计量和重点用能单位能源资源计量器具的监督检查，开展能源计量审查评价工作。市住房城乡建设委推进抗震节能农宅建设，到 2017 年底力争完成 20 万户左右。

3. 机动车结构调整减排工程 坚持先公交、严标准、促淘汰的技术路线，加强经济政策引导，强化行政手段约束，使全市机动车结构向更加节能化、清洁化方向发展。到 2017 年，全市机动车使用汽柴油总量比 2012 年降低 5% 以上，减少机动车污染物排放。

（1）大力发展公共交通。市重大项目办牵头加快轨道交通建设，到 2015 年，全市轨道交通运营里程力争达到 660 千米。到 2017 年，中心城区公共交通出行比例力争达到 52%，公共交通占机动化出行比例达到 60% 以上。

（2）不断严格新车排放和油品供应标准。2013 年，新增的轻型汽油车和新增的公交、环卫等柴油车实施第五阶段机动车排放标准，同时示范运营达到第六阶段排放标准的公交车辆，为实施第六阶段机动车排放标准开展前期准备。2014 年年底，新增重型柴油车全部实施第五阶段机动车排放标准，其中市域内使用的重型柴油车必须安装颗粒捕集器。2016 年，力争实施第六阶段机动车排放标准，并同步供应符合标准的油品，进一步加严油品中的主要环保指标。加快柴油车车用尿素供应体系建设。市环保局、市经济信息化委、市质监局、市工商局等部门加强新生产车辆环保监管，严厉打击生产、销售不达标车辆的违法行为。

不断严格非道路动力机械排放标准。2013 年，新增非道路动力机械必须达到第三阶段排放标准；2015 年 1 月起，新增非道路动力机械必须达到第四阶段排放标准。未达到排放标准的非道路动力机械，依法禁止在京销售和使用。

（3）加快淘汰高排放老旧机动车。到 2015 年年底淘汰全部黄标车，到 2017 年累计淘汰老旧机动车 100 万辆。

（4）积极推广新能源和清洁能源汽车。继续抓好公交、环卫等行业及政府机关的新能源汽车示范应用工作。加快加气站、充电站（桩）等配套设施建设，满足新能源和清洁能源汽车发展需求。2017 年年底，全市新能源和清洁能源汽车应用规模力争达到 20 万辆。

（5）促进行业机动车结构调整和污染减排。调整公交车结构。加快老旧公交车淘汰，缩短使用年限。积极发展新能源和清洁能源公交车辆，每年新增公交车中新能源与清洁能源车比例力争达到 70% 左右。到 2017 年，实现新能源和清洁能源公交车辆比例达到 65% 左右；公交行业车辆油耗比 2012 年减少 40%。

调整出租车结构。2014 年起，新增和更新的汽油出租车全部执行更严格的强制报废标准。鼓励出租车更换三元催化器，更换周期最长不超过两年。到 2017 年，累计报废更新车辆中，电动车、天然气车、混合动力车各达到 5 000 辆；出租车行业车辆油耗比 2012 年减少 20%。

调整客运车辆结构。2015 年年底前，全部淘汰第三阶段机动车排放标准以下的省际客运、郊区客运和旅游客运车辆，发展新能源和清洁能源旅游车。

到 2017 年，郊区客运和五环路内的旅游客运天然气车辆比例力争分别达到 50％、20％，示范运营纯电动旅游车达到 300 辆；郊区客运、旅游客运行业车辆油耗分别比 2012 年减少 20％、5％。

调整渣土车和环卫车结构。到 2015 年年底前，全部淘汰第三阶段机动车排放标准以下的渣土车；大力发展纯电动和天然气环卫车辆，2017 年纯电动环卫车辆比例达到 50％；环卫行业车辆油耗比 2012 年减少 20％。

调整货运车结构。"绿色车队"，2015 年年底达到 5 万辆。2014 年起，全市物流园区和货物流转集散地使用第三阶段及以上机动车排放标准车辆进行货物运输。加快淘汰老旧邮政车辆，发展新能源和清洁能源邮政车，2017 年城区内邮政配送电动车辆比例达到 50％；邮政行业车辆油耗比 2012 年减少 15％。

调整低速汽车结构。2014 年，新增和更新低速货车执行与轻型货车同等的节能环保标准。到 2017 年，皮卡及轻型卡车替换低速汽车累计比例达到 60％。

（6）完善管理政策。严格依法查处违章车辆。协调加快北京绕城高速公路建设，力争 2017 年建成北京绕城高速公路，减少重型载货车辆过境穿行。

4. 产业结构优化减排工程 进一步提高环保、能耗、安全、质量等标准，加快淘汰落后产能，有序发展高新技术产业和战略性新兴产业，推行清洁生产，建设生态工业园区，不断推动产业结构优化升级，到 2015 年和 2017 年，第三产业比重分别达到 78％和 79％。

（1）淘汰压缩污染产能。2014 年，提前一年完成国家下达的"十二五"落后产能淘汰任务。2015 年至 2017 年，再淘汰一批污染产能。

对水泥、石化等高耗能、高排放行业，市经济信息化委牵头组织实施产能总量控制，鼓励通过兼并重组压缩产能。到 2017 年，全市水泥产能由"十二五"初期的 1 000 万吨压缩至 400 万吨左右，保留的产能用于协同处置危险废物。全市炼油规模控制在 1 000 万吨。2015 年，全市未通过治理整合的混凝土搅拌站基本退出，全市混凝土搅拌站控制在 135 家左右。

（2）整治小型污染企业。到 2016 年年底，累计调整退出建材、化工、铸造、家具制造等行业的小型污染企业 1 200 家；集中整治镇村产业集聚区，到 2017 年，污染得到有效整治。

（3）建设生态工业园区。到 2017 年，19 个市级以上工业开发区按照国家《生态工业园区标准》，基本建成生态工业园区。

（4）推行清洁生产。到 2017 年，组织 400 家以上企业完成清洁生产审核；钢铁、水泥、化工、石化等重点行业的排污强度比 2012 年下降 30％以上。

5. 末端污染治理减排工程

（1）严格环保标准。加快修订重点行业大气污染物排放标准，进一步加严污染物排放限值。严格执行相关行业挥发性有机物排放标准、清洁生产评价指标和环境工程技术规范。加强挥发性有机物面源污染控制，鼓励使用通过环境标志产品认证的涂料、油墨、胶粘剂、建筑板材、家具、干洗剂等产品。

（2）实施氮氧化物治理。2013 年，完成京丰燃气热电厂、10 座远郊区县燃煤集中供热中心和 4 条水泥生产线的脱硝治理。2014 年年底，全市所有水泥生产线完成脱硝治理。2015 年，各远郊区县全面完成燃煤集中供热中心烟气脱硝高效治理。不断推进燃气锅炉低氮燃烧技术改造。

（3）开展工业烟粉尘治理。2013 年，华能北京热电厂实施烟气除尘深度治理；全市水泥厂和搅拌站的物料储运系统、料库完成密闭化改造。不断推进燃煤锅炉、工业窑炉除尘设施升级改造；严格落实原材料、产品密闭贮存、输送，装卸料采取有效抑尘措施等要求，大型煤堆、料堆要实现封闭储存或建设防风抑尘设施。

（4）加强挥发性有机物治理。到 2017 年，全市工业重点行业挥发性有机物排放量与 2012 年相比累计减少 50％左右。不断推进石化、有机化工等行业挥发性有机物综合整治。燕山石化实施泄漏检测与修复技术改造，开展顺丁橡胶尾气治理等污染治理工程。2015 年，完成全部有机废气综合治理工程。2016 年，原油加工损失率控制在 3‰以内；挥发性有机物排放量比 2012 年减少 50％；水煤浆锅炉停运；完成所有燃煤设施清洁能源改造。2017 年，燕山地区空气中挥发性有机物浓度比 2012 年下降 30％。

在汽车制造、电子、印刷、家具、建筑等行业，重点抓好挥发性有机物污染控制，推广使用先进涂装工艺技术，优化喷漆工艺与设备，深化涂装有机废气治理，溶剂型涂料涂装工序必须密闭作业，配备有机废气高效收集和回收净化设施。加强其他溶剂使用工艺挥发性有机物的治理。

6. 城市精细化管理减排工程　加强城市精细化管理和监管执法，集中整治点多、量大、面广的施工扬尘、道路遗撒、露天烧烤、经营性燃煤和机动车排放等污染，督促排污单位完善污染防治设施，规范运行管理，切实发挥管理减排效益。到 2017 年，全市降尘量比 2012 年下降 20％左右。

（1）严格控制施工扬尘污染。推行绿色文明施工管理模式，建设单位、施工单位在合同中依法明确扬尘污染治理实施方案和责任，并将防治费用列入工程成本，单独列支，专款专用。实施扬尘污染防治保证金制度。确保施工工地达标率不低于 92％；将施工扬尘违法行为纳入企业信用管理系统，对违法情节严重的，限制参与招投标活动。加强本行业施工过程中的扬尘管理，督促施工单位落实全封闭围挡、使用高效洗轮机和防尘墩、料堆密闭、道路裸地硬化等扬尘控制措施，切实履行工地门前三包责任制，保持出入口及周边道路的清洁。

市住房城乡建设委组织对 5 000 米² 以上的建筑施工工地出入口和粉状物料、建筑土方堆放区安装视频在线自动监控设备，并与城管执法部门联网。城管执法部门充分利用视频监控和现场执法等手段，加大对扬尘污染监管执法力度。

（2）严格控制道路扬尘污染。市政市容委、市住房城乡建设委、市城管执法局、市公安局公安交通管理局、市交通委等部门加强渣土运输规范化管理，严格执行资质管理与备案制度，城市渣土运输车辆安装卫星定位系统并实现密闭运输。加强对重点地区、重点路段渣土运输的执法监管，杜绝道路遗撒。

大力推广"吸、扫、冲、收"清扫保洁新工艺，增加作业频次，切实降低道路积尘负荷，到 2017 年，全市新工艺作业覆盖率达到 87％以上；加大检查、考核力度，定期向社会公布环境卫生干净指数。市交通委、各区县政府减少道路施工开挖面积，缩短裸露时间，开挖道路分段封闭施工，及时修复破损道路。市园林绿化局加强道路两侧绿化，减少裸露地面。

抓好《北京市加快污水处理和再生水利用设施建设三年行动方案（2013—2015 年）》的落实，提高再生水供应量。到 2015 年，城市主干道基本实现每日再生水冲洗；到 2017 年，再生水冲洗范围扩展至中心城区和远郊区县建成区的次干路及以上道路，正常作业条件下再生水冲洗使用量力争每日达到 30万立方米。

（3）严格控制生活垃圾污染。抓好《北京市生活垃圾处理设施建设三年实施方案（2013—2015 年）》的落实，提高生活垃圾处理能力，优化处理方式，有效控制处置过程中的大气污染，到 2015 年，全市每日新增处理能力18 000 吨，焚烧、生化处理比例达到 70％以上；实现生活垃圾全密闭化运输，杜绝遗撒；生活垃圾焚烧严格实施尾气治理，确保达标排放；规范卫生填埋作业程序，缩小作业面，并对作业区域进行及时覆盖；收集处理填埋场产生的沼气，减少沼气污染。到 2017 年，基本完成非正规垃圾填埋场的治理。

（4）严格控制露天烧烤、餐饮油烟等污染。2013 年年底前，各远郊区县政府按要求划定本区域禁止露天烧烤范围；各区县政府及城管执法部门严格执法，对城市核心区和朝阳、海淀、丰台、石景山区城镇地区公共场所，以及远郊区县政府划定区域内的露天烧烤行为要坚决取缔。严厉打击焚烧垃圾、秸秆和违法使用经营性燃煤等行为。环保部门加强餐饮油烟监管，督促餐饮企业和单位食堂安装使用高效油烟净化设施，并定期清洗维护，确保达标排放。

（5）严格在用车和油品质量监管。严格落实机动车检测等相关管理规定，对未取得环保检验标志的机动车，不予进行机动车安全技术检验，不予办理营运机动车定期审验合格手续，不得上路行驶。

（6）整治违法排污企业。创新执法机制，开展专项治理和联合执法。加大对污染源单位的执法检查力度，对超标排放、整改措施不落实的排污单位，依法处以罚款、限期改正、停产治理；对偷排偷放、屡查屡犯的违法企业，依法予以关停；对涉嫌环境犯罪的，依法追究刑事责任。

（7）提高环境监测和监管能力。加强市、区两级环境监测和监管能力建设，合理增设机构编制，增加仪器装备，加强对大气污染防治政策研究的支持。市环保局和各区县政府加大环境监测、信息、应急、监察等能力建设力度，到2015年达到标准化建设要求。

各区县政府落实街道办事处、乡镇政府的环保职责，加强基层环保体制机制建设，健全基层环保监管力量。市有关部门加大投入，不断提高环境执法监管手段的技术含量。2014年年底前，完善空气质量监测网络和重点污染源在线监控体系，重点污染源按要求安装污染物排放在线监控系统，并与环保部门联网。推进环境卫星应用。

7. 生态环境建设减排工程

（1）提高绿化覆盖率。加强植树造林、绿化美化建设，增加森林资源总量，提高森林建设质量，到2017年，全市林木绿化率达到60％以上。在平原地区，2016年年底完成百万亩造林工程，同时加大荒滩荒地、拆迁腾退地和废弃坑塘治理力度，从源头上减少沙尘污染；加快建设新城滨河森林公园、功能区"绿心"等大尺度城市森林和重点镇生态休闲公园，完善城市绿化隔离带。在山区，继续推进京津风沙源治理、太行山绿化、森林健康经营等工程建设，加强与周边省区市的区域林业建设合作，增强绿色生态屏障功能。在城区，坚持规划建绿，加快推进滨水绿带建设，加大代征绿地回收和建设力度，积极实施屋顶绿化、垂直绿化等立体绿化工程，增加绿化面积。

（2）扩大水域面积。市水务局加强水源科学调配，充分利用高品质再生水等水源补充河湖水系用水，改善生态环境。加大永定河、潮白河、北运河水系综合治理及清洁小流域建设力度，扩大水域面积。到2017年，累计增加水域面积1 000公顷，建设生态清洁小流域170条，治理水土流失面积1 750千米^2。市园林绿化局牵头编制全市湿地保护发展规划，到2017年，累计建成10个湿地公园和10个湿地保护小区。

（3）实施生态修复。市国土局、市安全监管局适度调整非煤矿山的规划和布局。市园林绿化局、市国土局牵头对远郊区县的废弃矿山、荒地实施生态修复和绿化，恢复生态植被和景观，不断推进开采岩面治理。到2017年，扬尘污染得到有效控制，生态环境得到明显改善。

8. 空气重污染应急减排工程　统筹兼顾大气污染的长期治理和短期应急，进一步完善空气重污染应急管理，不断强化与周边省区市的空气重污染应急联动。

（1）将空气重污染应急纳入全市应急管理体系，实行政府主要负责人负责制，成立市空气重污染应急专项指挥部，负责空气重污染的应急组织、指挥和处置。市环保局等部门加强空气重污染预警研究，完善监测预警系统，不断提高预测预报的准确性。市空气重污染应急专项指挥部各成员单位、各区县政府的主要负责人对本部门、本区县的空气重污染应急工作负总责。

（2）修订《北京市空气重污染日应急方案（暂行）》，完善应急程序，强化工作措施，综合考虑污染程度和持续时间，增加持续重污染的应急措施，包括机动车单双号限行、重点排污企业停产减排、土石方作业和露天施工停工、中小学校停课以及可行的气象干预等应对措施。开展重污染天气应急演练。

（3）在国家有关部门的协调支持下，会同周边省区市建立空气重污染应急响应联动机制，开展区域联防联控，共同应对大范围的空气重污染。

综上所述，北京市在新的空气清洁行为计划中，即将实施八大生态保护和建设工程，如表4-7所示。

表4-7　北京市空气清洁行动计划（2013—2017）八大工程

工程	具体内容
（一）源头控制减排工程	1. 优化城市功能和空间布局 2. 合理控制人口规模 3. 严格控制机动车保有量 4. 强化资源环保准入约束
（二）能源结构调整减排工程	1. 加强清洁能源供应保障 2. 实现电力生产燃气化 3. 推进企业生产用能清洁化 4. 逐步推进城六区无煤化 5. 推进城乡结合部和农村地区"减煤换煤" 6. 推动远郊区县燃煤减量化 7. 建立健全绿色能源配送体系 8. 提高能源使用效率
（三）机动车结构调整减排工程	1. 大力发展公共交通 2. 不断严格新车排放和油品供应标准 3. 加快淘汰高排放老旧机动车 4. 积极推广新能源和清洁能源汽车 5. 促进行业机动车结构调整和污染减排 6. 完善管理政策
（四）产业结构优化减排工程	1. 淘汰压缩污染产能 2. 整治小型污染企业 3. 建设生态工业园区 4. 推行清洁生产

（续）

工程	具体内容
（五）末端污染治理减排工程	1. 严格环保标准 2. 实施氮氧化物治理 3. 开展工业烟粉尘治理 4. 加强挥发性有机物治理
（六）城市精细化管理减排工程	1. 严格控制施工扬尘污染 2. 严格控制道路扬尘污染 3. 严格控制生活垃圾污染 4. 严格控制露天烧烤、餐饮油烟等污染 5. 严格在用车和油品质量监管 6. 整治违法排污企业 7. 提高环境监测和监管能力
（七）生态环境建设减排工程	1. 提高绿化覆盖率 2. 扩大水域面积 3. 实施生态修复
（八）空气重污染应急减排工程	1. 将空气重污染应急纳入全市应急管理体系 2. 修订《北京市空气重污染日应急方案（暂行)》 3. 会同周边省区市建立空气重污染应急响应联动机制

（三）农村生态服务供给重要举措

1. 北京市 3.67 万亩"野山"改造成为森林休闲公园　到京郊旅游的市民多有这样的感触，放眼各山头，哪儿都是郁郁葱葱，可要想往山上走走，不成，密密匝匝全都是树，压根儿找不到路。——这样的山头，也就是市民常说的"野山"。

"野山"看着美，爬不得。2013 年，一项名为"森林健康经营"的工程，将北京市 3.67 万亩"野山"改造成了森林休闲公园。市民不仅可以爬山，还可以在林中惬意地休闲、观景，亲密接触大自然。深山老林开山路装座椅建成 12 片森林游憩区 3.67 万亩"野山"变休闲公园。

封闭 50 多年林子打开了。位于昌平区西部的流村镇南山，就是这次改造的"野山"之一。山上遍植侧柏，景色青翠怡人。

"近看就不是那么回事儿了。"昌平区园林绿化局造林营林科科长孙华彬介绍，山上的侧柏栽种于 20 世纪 60 年代左右，当时栽种的是幼苗，为保成活，栽植密度达到每亩地 300 多棵。50 余年过去了，当年的侧柏小苗普遍长到 3～4 米高，山上密不透风。因为生存竞争激烈，很多侧柏树除了树梢部分是绿色外，剩余大部分树枝已经干枯，成了长势极其缓慢的"小老头树"。

这样的山，游人怎么能上得来？2013年，昌平区园林绿化局对南山上大约2 000亩的侧柏林，进行"大刀阔斧"的健康经营改造，林下丛生的灌木和长势较差的侧柏树被毫不吝惜地伐除。孙华彬介绍，树木的伐除比例在15%～20%，相当于在林子里开了一个个"天窗"，保留下的优势树木因此会拥有更多的生长空间。

伐除的树木也不浪费，直径6～7厘米的树干被锯成一段一段，铺成1米多宽的上山小径。目前，上山道路已铺设500多米。2013年11月月底前，路旁还将安放20多个座椅和50多个垃圾桶，为游人爬山提供便利。

森林内装座椅不建楼阁。包括南山在内，2013年本市共实施了12处、总面积3.67万亩的游憩型森林健康经营示范区建设。密云、平谷、延庆、房山、怀柔等区县均有分布，面积最大的位于平谷区王辛庄镇归山，达3360亩。

市园林绿化局造林营林处袁士保处长介绍，和很多已建成的森林景区不同，这12片游憩型森林都是开放型场所，游人随便进出，景致更贴近自然。林子里会增加道路、垃圾桶、座椅、观景台等基本的游憩设施，但不会大兴土木建设亭台楼阁，破坏森林原有的格局。即便是建游憩设施，也提倡就地取材，例如用废弃的树桩或者山上的小石子铺路，既显得朴素，又能与山林环境融为一体。

自2013年上半年启动建设以来，12处游憩型森林健康经营示范区已基本成型。刚过去不久的国庆长假期间，就有不少到郊区游玩的市民登山"尝鲜"，昔日野山变成了人们新的休闲空间。

"野山"将每年开放一批。其实，像这样的森林健康经营，本市早在2004年起就开始试点。西山林场、八达岭林场、十三陵林场、松山保护区是最早的示范区。其中，八达岭林场和西山林场示范区在改造后，均有游憩功能。

例如西山林场经过近10年循序渐进的健康经营改造，现在已经"晋升"为国家森林公园。山上的油松林里别具一格地用木头搭建起了秋千、森林小剧场，几乎每个周末都会有游人在这里玩耍、吹拉弹唱。

2. 2013年北京350个村庄将告别"户户冒黑烟" ＊　　2013年冬，北京350个村庄将告别"户户冒黑烟"，15万农户不再使用劣质烟煤，而是用上无烟、环保的清洁煤。8月22日从市农委了解到，2013年农村地区减少劣质煤80万吨，农民每使用1吨清洁煤可得到200元市财政补贴。环保部门数据显示，与劣质烟煤相比，每燃烧1吨清洁煤可减少排放烟尘86%，用上清洁煤，还天空一片洁净（图4-5）。

＊　资料来源：北京日报，2013-08-23。

清洁能源享补贴奖励

清洁能源项目

① 优质燃煤替代

补贴奖励措施：2013年按200元/吨标准奖励。

烟煤炉具更换为无烟煤炉具的购置费用，农户仅承担1/3。

② 取暖"煤改电"

补贴奖励措施：电力增容，农村住户电表改造费用由政府和企业承担。安装取暖电锅炉的费用农村住户仅承担1/3。

③ 太阳能热利用

补贴奖励措施：鼓励农村住户推广应用太阳能供暖系统。由市发改委固定资产投资、区县政府、农村住户各承担1/3。

④ 天然气入户

补贴奖励措施：燃气供应企业对具备通管道天然气条件的村庄实施管道天然气供应，在管道天然气管网不能覆盖但符合集中供气条件的村庄，建设压缩天然气(CNG)站，并承担相关建设费用。

⑤ 液化石油气下乡和沼气利用

补贴奖励措施：在村镇配套的液化石油气供应站建设费用全部由市发改委固定资产投资承担，新增液化气钢瓶及专用配送车辆购置费用由燃气供应企业承担。

市财政对农村住户（享受平价气供应的除外）按每瓶液化石油气(15千克装)25元、每年每户不超过8瓶气进行补贴。

依托养殖场建设大中型沼气站的费用，按城市功能区规定标准由市发改委固定资产投资给予支持。

⑥ 农村住宅清洁能源分户自采暖

补贴奖励措施：市政府对农村完成"煤改电"取暖的用户及使用"太阳能+电"取暖的用户执行城市核心区峰谷电价政策，不纳入阶梯电价范围。

对使用燃气取暖的用户及使用"太阳能+燃气"取暖的农户，补贴办法由区县政府研究制定。

制表/焦剑

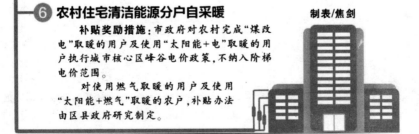

图4-5　清洁能源补贴政策

3. 北京建成 11 个万亩滨河公园 自 2010 年，北京市首个万亩滨河森林公园——通州大运河森林公园正式开园以来，已建成 11 个万亩滨河森林公园。今后北京将建成三级森林公园体系，分别是新城滨河森林公园、城乡接合部的郊野森林公园和城中心的休闲森林公园。届时，北京将拥有更多的"城市森林"。

11 座新城滨河森林公园，或如玉带，或似珠玑，散布在京郊大地。使新城绿化覆盖率提高 5 个百分点，绿地中城市森林比重从目前 35% 提高到 50%。同时，全市新增城市森林公园 10.7 万亩，每年实现碳汇 6 万吨。北京进入新的发展阶段，实施绿色北京战略，全面落实科学发展观，转变发展方式，11 座新城滨河森林公园的建设就之一（表 4 - 8）。

表 4 - 8　北京市 11 座新城滨河公园

序号	项目	占地面积	景区概况	开园时间 （年-月）	植物品种
11	通州大运河森林公园	10 700 亩	六大景区、十八个景点	2010 - 9	油松、白皮松、桧柏、云杉等常绿树种；银杏、元宝枫、白蜡、桃、杏、李子、樱桃、柿树、枣树、杨、柳、榆、槐等落叶乔木
22	大兴新城滨河森林公园	8 074 亩	念坛十景、清源三景	2011 - 5	乔木：油松、华山松、雪松、桧柏、银杏、柳树、毛白杨、槐树、榆树、合欢、栾树、元宝枫、紫叶李、玉兰、海棠、碧桃、枣树、山楂；灌木：灌木：丁香、榆叶梅、贴梗海棠、绣线菊、黄刺玫、锦带花、大花秋葵、棣棠
33	延庆新城滨河森林公园	15 400 亩	一轴、三段、十五景区	2011 - 6	千头椿、刺槐、国槐、蒙古栎、白蜡、枫杨、金枝槐、小叶杨、碧桃、旱柳、李子、绒毛白蜡、元宝枫等落叶乔木；油松、云杉、园桧、华山松等常绿乔木；白丁香、金钟花、紫穗槐、红瑞木等落叶灌木；大花萱草、黄菖蒲、曼海姆宫殿月季等花卉；千屈菜、溪荪鸢尾等水生植物；常夏石竹、宿根天人菊、甘野菊、紫松果菊等地被

（续）

序号	项目	占地面积	景区概况	开园时间 （年-月）	植物品种
44	昌平新城滨河森林公园	11 643 亩	五大景区、十八景点	2011 - 10	常绿树种：油松、白皮松、桧柏、云杉等；落叶乔木银杏、元宝枫、白蜡、山桃、山杏、柿树、毛白杨、垂柳、刺槐等
55	密云新城滨河森林公园	9 250 亩	三个功能区、六大景观节点	2011 - 11	雪松、油松、桧柏、侧柏等常绿乔木，银杏、国槐、毛白杨、柳树、白蜡、刺槐、玉兰等落叶乔木，木槿、黄栌、紫荆、丁香、连翘、锦带、碧桃、海棠等花灌木，色带地被草坪
66	门头沟新城滨河森林公园	10 970 亩	五大景区十七景点	2012 - 5	油松、侧柏、云杉、白皮松、华山松等常绿乔木；国槐、元宝枫、栾树、银杏、臭椿、旱柳、玉兰等落叶乔木；碧桃、紫薇、山桃、山杏、黄栌、丁香、连翘、金银木等花灌木；鸢尾、马蔺、玉簪、萱草、地锦、黄芩、景天等地被植物
77	房山新城滨水森林公园	5 789 亩	四大景区：长阳公园（城市综合区、湿地展示区、郊野生态区）、大学城公园	2012 - 9	油松、华山松、白皮松、雪松、云杉等常绿乔木；银杏、白蜡、千头椿、元宝槭、玉兰、鹅掌楸等落叶乔木；早园竹、金叶连翘、华北紫丁香、紫薇、迎春花、金银木等灌木；波斯菊、蛇莓、野牛草、大花萱草、玉簪、大花金鸡菊等地被花卉；芦苇、千屈菜、荷花、睡莲、水菖蒲、野慈姑等水生植物
88	怀柔新城滨河森林公园	6 749 亩	劳模园、青年园、亲子园、廉政文化园、和谐广场	2012 - 10	乔木、花灌木、地被植物
99	平谷新城滨河森林公园	10 160 亩	六大景区	2012 - 10	乔木、花灌木、地被植物

（续）

序号	项目	占地面积	景区概况	开园时间（年-月）	植物品种
110	顺义新城滨河森林公园	18 683亩	一轴、两岸、六园	2012-11	油松、白皮松、华山松、侧柏、桧柏等常绿乔木，国槐、洋槐、白蜡、千头椿银杏等落叶乔木，碧桃、榆叶梅、黄栌、连翘、珍珠梅、金银木、丁香、红瑞木等花灌木，牡丹、沙地柏、月季、萱草、鸢尾等地被，常春藤、扶芳藤、地锦等藤本植物，菖蒲、千屈菜、芦苇等水生植物
111	亦庄新城滨河森林公园	7 510亩	双轴、三区	2012-11	雪松、北京桧、油松、元宝枫、白蜡、玉兰、珍珠梅、金银木、元宝枫、柿子树等乔木，紫叶李、碧桃、榆叶梅、连翘、珍珠梅、金银木、红瑞木等花灌木，沙地柏、波斯菊、金光菊、萱草、鸢尾等地被，菖蒲、千屈菜、芦苇等水生植物

资料来源：首都园林绿化政务网，2013。

主要参考文献

北京市发展改革委员会.2013.北京市生态环境建设发展报告［M］.北京：中国环境出版社出版.

北京市园林绿化局综合办.2013.北京市生态公益林建设现状和今后发展思路［J］.生态管护：4-7.

毕小刚,段淑怀.2007.北京市从小流域治理走向小流域管理的实践［J］.中国水土保持(1)：10-11.

曹连海,郝仕龙,陈南祥.2010.农村生态环境指标体系的构建与评价［J］.水土保持研究(5)：238-240.

潮洛蒙.2002.北京城市湿地的生态功能和社会效益［J］.北京园林(4)：17-20.

陈海燕,张一鸣,吴丽娟.2011.北京湿地现状调查与分析［J］.林业资源管理(1).

陈纪瑛.2002.台湾的环境保护与环保科技的发展［J］.海峡科技与产业(2).

高士武.2010.北京市湿地公园建设与管理研究［J］.湿地科学(12)：389-393.

郭建军.2007.新时期农村基础设施和公共服务建设的发展与对策［J］.农业展望(11)9.

郭盛才.2011.广东湿地资源保护管理现状及其对策研究［J］.广东林业科技(2).

郭淑敏,程序,史亚军.2004.北京的资源环境约束与生态型都市农业发展对策［J］.农业现代化研究(5)：94-197.

郭淑敏.2004.北京的资源环境约束与生态型都市农业发展对策［J］.农业现代化研究(5).

何忠伟,刘芳,王有年.2009.北京市门头沟区生态产业发展现状与功能分析［J］.北京农业(7)：9-15.

胡兆量.2011.北京城市发展规模的思考和再认识［J］.城市与区域规划研究(2).

黄维兵.2003.现代服务经济理论与中国服务业发展［M］.重庆：西南财经大学出版社.

吉丽娜,温艳萍.2013.湿地生态系统服务功能价值评估研究进展［J］.中国农学通报,29(8)：165-168.

康文.2010.日本农村现代服务业发展经验及对河南的借鉴［J］.商业文化(学术版)(1).

雷鸣,秦善丰.2006.中国农村生态环境现状与可持续发展对策研究［J］.环境科学与管理(12).

李金才,张士功,邱建军,等.2006.我国生态农业现状、存在问题及发展对策初探［J］.农业科技管(12)：43-45.

李金才.2006.我国生态农业现状、存在问题及发展对策初探［J］.农业科技管理(6).

李英,刘奔.2009.我国城市森林生态服务供给存在的问题及解决对策［J］.学术交流(10).

梁流涛，曲福田，冯淑怡.2011.农村生态资源的生态服务价值评估及时空特征分析［J］.中国人口·资源与环境（21）：133-139.

刘会想.2008.构建和谐农村面临的主要问题及成因［J］.经济论坛（11）.

刘丽，何有缘，刘晓，等.2012.农村低碳发展的模式探讨——以北京市红螺沟为例［J］.农学学报，2（5）：71-74.

刘晓辉，吕宪国，姜明，等.2008.湿地生态系统服务功能的价值评估［J］.生态学报（11）：5625-5627.

刘志福.2011.北京郊区生态环境建设的现状、问题与对策［J］.北京农业职业学院学报（7）：4-6.

马康.2007.废弃矿山生态修复和生态文明建设浅议——以门头沟为例［J］.科技咨询（35）.

满海红，张强.2011.新时期下的农村现代服务业创新发展研究［J］.商业时代（7）：124-125.

毛晓茜，铁柏清，吴穗，等.2005.生态城区建设中的生态第三产业发展对策——以长沙市芙蓉区为例［J］.四川环境（5）.

祁红.2010.首都西南区域新型城镇化研究［M］.北京：中国经济出版社.

钱静.2008.北京城乡和谐发展机制研究［M］.北京.中国农业出版社.

闫韵，张超英.2013.京郊农村沼气发展现状调查与分析［J］.中国沼气，31（4）：54-60.

史亚军.2003.北京地区发展现代化都市型农业的思考［J］.北京联合大学学报（3）：123-126.

田大方，王妍.2013.北京城市森林公园类型初探［J］.低碳建筑艺术（1）：16-17.

王大勇，张艳.2009.北京房山区环境整治的"加减乘除"法［J］.交流平台（1）.

王少东.2008.农村现代服务业体系构建与农村劳动力转移——以江西为例［J］.农业考古（3）.

王文英，刘丛丛.2012.森林生态服务市场的构建及运行机制研究［J］.中国林业经济（1）：60-62.

王晓芳，苑焕乔.2009.北京生态涵养区的现状与发展对策研［J］.城市经济（9）.

温亚利，李小勇，谢屹.2008.北京城市湿地现状与保护管理对策研究［M］.北京：中国林业出版社.

文魁，祝尔娟.2013.京津冀蓝皮书：京津冀发展报告（2013）——承载力测度与对策［M］.北京：社会科学文献出版社.

吴勤学，王晓芳，郭平.2006.北京现代服务业发展思路的探讨［J］.商业研究（17）163-166.

谢高地，甄霖，鲁春霞，等.2008.生态系统服务的供给、消费和价值化［J］.资源科学（1）：93-99.

谢永琴，王芳.2010.北京发展低碳城市的森林模式探究［J］.中国人口·资源与环境（20）.

谢永琴 . 2012. 北京市低碳经济发展现状和政策建议 [J] . 价格月刊（2）.

游惠光 . 2009. 环保税收法规研究——台湾环境保护政策与立法 [J] . 法治时空（7）：167 - 169.

张建，张学飞，赵之枫 . 2010. 京郊原生聚落式文化创意产业集聚区发展问题与对策研究 [J] . 北京规划建设（6）：109 - 112.

张建军，袁春，付梅臣，等 . 2006. 北京市耕地面积变化趋势预测及保护对策研究 [J] . 资源开发与市场（6）：497 - 499.

赵杨，赵丽芬，孔祥纬 . 2011. 北京城乡统筹发展中的土地资源约束研究 [J] . 探索（1）：89 - 93.

郑志勇，王林，王德芳 . 2010. 基于低碳经济视角下首都新农村可持续发展的研究 [J] . 中国农学通报，26（16）：438 - 441.

中国民主同盟北京市委员会课题组 . 2007. 北京市生态涵养区的生态环境建设和产业发展问题研究 [J] . 北京社会科学（6）.

中国农业科学院农业经济与发展研究所 . 2006. 农业经济与科技发展研究 [M] . 北京：中国农业出版社 .

周峰 . 2006. 农村城市化进程中建设现代服务业的思考 [J] . 商场现代化（12）：192 - 194.

周涛，汝小龙 . 2012. 北京市雾霾天气成因及治理措施研究 [J] . 华北电力大学学报（社会科学版）2012（2）.

祝炜 . 2012. 北京市人口分布特点的密度梯级分析 [J] . 北京农业职业学院学报（3）.

邹君 . 2004. 生态农村的内涵及其建设方法初探农业环境与发展 [J]（5）：19 - 21.

图书在版编目（CIP）数据

北京农村生态服务供给问题研究／朱启酒，钱静，
刘莹著 . —北京：中国农业出版社，2014.4
ISBN 978-7-109-19076-4

Ⅰ.①北… Ⅱ.①朱… ②钱… ③刘… Ⅲ.①农村生
态–社会服务–研究–北京市 Ⅳ.①S181

中国版本图书馆 CIP 数据核字（2014）第 068365 号

中国农业出版社出版
（北京市朝阳区农展馆北路 2 号）
（邮政编码 100125）
责任编辑 李文宾 廖 宁

北京中兴印刷有限公司印刷 新华书店北京发行所发行
2014 年 4 月第 1 版 2014 年 4 月北京第 1 次印刷

开本：700mm×1000mm 1/16 印张：11.5
字数：210 千字
定价：29.80 元
（凡本版图书出现印刷、装订错误，请向出版社发行部调换）